한반도의 댐

이 책은 삼성언론재단의 저술지원을 받아 출간되었습니다.

한반도의
댐

박치현 지음

한국학술정보(주)

■ 머리말

　충분히 그럴 가능성이 있는 어떤 사건이 머지않은 미래에 파멸을 몰고 올지도 모른다. 소행성 충돌이나 전 세계적 바이오 테러, 갑작스러운 지구온난화에 이르기까지 그 가능성은 다양하다.

　이런 재앙은 얼마든지 일어날수 있으며 확률 또한 무시할 수 없다. 0.001%의 확률도 확률일 뿐이지 당장 대재앙으로 이어질 수 있고 현대 과학으로도 발생시점을 점칠 수 없다.

　지금 한반도 댐에서는 어떤 일이 일어나고 있는가? 과연 댐은 안전한가? 댐 속의 물에는 어떤 유해물질이 들어 있는가?

　이런 의문을 가지고 취재에 착수, 한반도 댐의 역사를 다시 쓴다는 자부심으로 댐 현장과 수자원공사를 수도 없이 방문했다.

　하지만 자료 접근의 한계에 봉착했다. 국토해양부와 한국수자원공사가 '댐은 국가보안시설'로 자료 공개가 불가능하다며 철저한 비밀에 부친 채 전혀 문제가 없다는 말만 되풀이했다. 결국 댐 현장을 찾아다니며 현장조사를 할 수밖에 없었고 댐 관리원들과 잦은 마찰로 취재가 중단되는 일이 허다했다.

　우여곡절 끝에 취재를 끝냈다. 한반도 댐은 예상보다 많은 문제점을 안고 있었다. 우선 댐 전문가들의 도움으로 홍수나 지진 때 우리나라 댐이 어느 정도의 충격에 붕괴될 수 있는지를 시뮬레이션 해 본 결과, 수자원공사가 댐 안전을 과대평가하고 있다는 반론을 얻어냈다. 이에 수자원공사는 방송 자제 요청 공문을 보내왔고 시뮬레이션에 참여한 교수들의 자질을 문제 삼았다. 그러나 조사 취재에 참여한 교수들은 국내 몇 명 안 되는 댐 전문가들이다. 그런데도 한국수자원공사는 자신들에게 불리한 용역 결과는 절대 수용할 수 없다는 확증편향(Confirmation Bias: 자신의 생각과 모순되는 것을 인정하지 않거나 무시하는 경향의 심리학 용어)을 내세워 예기치 못한 댐 대형사고를 불러일으키기에 충분했다.

하인리히 법칙, 즉 큰 사고 앞에는 항상 여러 차례 이상징후가 있다.

한반도 댐에서도 하인리히 법칙이 예외는 아니었다. 경북 청도군의 운문댐과 경북 포항의 안계댐은 건설 당시의 부실공사로 여러 차례 누수가 발생해 보수보강공사가 실시됐다. 댐체의 부실한 부분을 채우는 것이 유일한 방법인데 근본적인 대안이 될 수 없다. 언제든지 누수가 될 수 있고 붕괴사고로 이어질 가능성도 완전히 배제할 수는 없다. 댐의 붕괴 원인 중 누수가 가장 많다. 태어날 때부터 불구상태인 댐이라면 특별관리를 해야 하지만 현실은 그렇지가 못하다.

결코 일어나서는 안 될 일이 발생했다. 지난 1996년, 하루 400m 강우에 콘크리트댐인 연천댐이 무너졌다. 강릉 장현저수지와 동막저수지도 폭우에 힘없이 쓰러졌다. 예상을 뒤엎는 집중호우가 한반도 댐의 안전을 위협하고 있다. 우리나라 댐은 대부분 흙으로 만든 사력댐이다. 사력댐은 물이 넘치면 붕괴된다. 기상 전문가들은 한반도에 향후 100년 안에 내릴 수 있는 하루 최대 강수량은 1,000mm로 예상하고 있다. 우리나라 댐 가운데 이런 폭우에 견딜 수 있는 댐은 하나도 없다. 그래서 수자원공사가 선택한 것이 비상여수로다. 기존 수문으로는 집중호우를 감당할 수 없어 여수로를 추가로 내는 것이다. 비상여수로가 댐의 안전을 보장할 수 있을까? 결론은 불가능이다. 수자원공사는 댐별로 PMP(최대가능강수량)와 PMF(최대가능홍수량)를 산정해 비상여수로 규모를 결정한다. 최대 규모의 소양강댐은 PMP 810mm에 맞춰 비상여수로 공사가 진행 중이다. 소양강 유역에 하루 820mm의 비가 내리면 댐은 넘치면서 붕괴로 이어진다. 기상 전문가들이 예측하는 하루 최대 강수량이 1,000mm인 점을 감안하면 소양강댐 비상여수로는 댐의 안전을 절대 보장할 수 없다. 이번 취재에서 비상여수로가 하류 주민들에게는 물폭탄이 될 수 있음이 드러났다. 수자원공사의 비공개자료인 소양강댐 하류하천 영향평가를 분석해 봤다. 소양강댐 비상여수로를 열면 춘천시내까지 완전 침수되는 것으로 분석됐다. 그래서 소양강댐을 설계한 일본공영도 하류 피해를 우려해 비상여수로 공사는 바람직하지 않다는 견해를 피력했다. 비상여수로 공사의 부작용은 다른 댐들도 마찬가지였다. 대안이 없는 것은 아니다. 집중호우가 예상되면 댐의 수위를 미리 낮추는 댐의 탄력적인 운영이 최선책이다. 물을 파는 수자원공사가 왜 그렇게 하지 않는지는 수익과 관련이 있기 때문으로 추측된다. 물론 일기예보의 신뢰성 결여로 수위를 낮추는 시기를 결정하기 어려운 것은 사실이다. 선진국의 경우 비상여수로 대신 홍수위 조절이나 댐 상류에 저류시설 설치 등 댐 하류의 피해를 최소화하는 방향으로 접근하고 있다. 그러나 한국수자원공사는 비상여수로 이외에는 대안이 없다고 주장한다. 수자원공사의 댐 정책이 원형방황(圓形彷徨: 눈을 가리고 원을 그리면 제자리를 맴돈다)에 가까운 것이다. 댐은 한 국가의 경제발전은 물론 인간 생활에 없어서는 안 될 필요재이다. 비가 올 때 물을 모아 뒀다가 요긴하게 쓰는 댐에 너무 많은 물을 담으면 넘치기만 하는 것이 아니라 댐이 터진다. 수자원공사는 자산인 댐을 보호하기 위해 비상여수로를 내면서 하류 피해는 전혀 고려하지 않고 있다. 하류 쪽 문제는 해당 자치단체에 통보를 했으니 책임을 다했다는 입장이다. 결국 댐 하류에 대형 제방을 쌓거나 대규모 하천을 건설해야 하는데 천문학적인 예산이 들어간다. 자치단체 가운데 이런 공사비를 마련할 수 있는 곳은 단 한 곳도 없다. 우리나라 기상패턴을 분석해 보면 강우일수는 줄고 강수량은 늘어나고 있다. 집중호우가 잦아지고 있는 것이다. 또 7월부터 9월 사이에 집중적으로 비가 내린다. 나머지 기간은 가뭄이 계속되는 경우가 많다. 그래서 우리나라는 많은 댐이 필요하다. "물은 배를 띄울 수도 있고 뒤집을 수도 있다"는 순자의 경고를 수자원공사가 새겨들었으면 한다.

홍수 때 성난 물길을 잠재울 수 있는 공간은 댐밖에 없다고 수자원공사는 주장하고 있다. 더 많은 댐을 건설해야 홍수피해도 줄일 수 있다는 견해이다. 과연 그럴까? 현재 우리나라에는 17,656개의 댐과 저수지가 있다. 댐 관리는 수자원공사와 한국농어촌공사, 지방자치단체 등 삼원화되어 있다. 이들 댐이 연계운영만 된다면 홍수조절기능은 물론 식수원 확보에도 크게 기여할 수 있다. 쓸모없이 버려진 농어촌공사 댐이 많다. 지방자치제 소유의 댐들도 많은 문제를 안고 있다. 제대로 된 댐 하나를 새로 만드는 데 수천억 원이 들어간다. 심각한 환경파괴도 불가피하다. 효율성이 떨어진 기존댐들을 리모델링해서 연계운영을 한다면 홍수조절, 예산확보, 환경파괴 문제를 동시에 해결할 수 있다. 하지만 그렇게 되지 않는 이유가 있다. 공공의 이익보다는 내 것은 내가 가져야 조직의 힘이 강해진다는 독특한 경쟁논리가 깔려 있기 때문이다.

한국지질자원연구원은 한반도에서 발생 가능한 최대 지진은 규모 6.5(0.154g)로 보고 있다. 댐이 어느 정도 지진 규모까지 버틸 수 있는지 전문가들과 함께 시뮬레이션을 해 봤다. 절반은 콘크리트, 절반은 사력댐인, 세계에서 보기 힘든 대청댐은 규모 6.0 이하의 지진에도 위험한 것으로 나타났다. 충주댐 역시 규모 6.5의 지진에는 버틸 수 없었다. 수자원공사는 우리나라 댐의 내진성능평가에서 이들 댐이 규모 6.5의 지진에 안전하다고 발표했다. 필자와 지진전문가들의 공동분석 결과와 큰 차이가 났다. 수자원공사는 필자의 결과는 잘못된 것이라고 따졌다. 그러나 필자와 공동 조사한 교수들은 지진분야 권위자들이다. 이런 전문가들을 수자원공사는 인정할 수 없다며 보도 자제 요청 공문까지 보냈다. 정부기관에서 항상 있어 왔던 일 중 하나였지만 수자원공사의 대응은 절박했다. 시뮬레이션은 시각 차이가 있을 수 있다. 시뮬레이션 결과 안전하다고 평가된 구조물이 안전하지 않은 사례를 많이 봐 왔다. 가능성이나 확률을 보는 것이기 때문에 확실한 정답은 없다. 수자원공사는 자신들의 평가 결과만 정답이라고 주장한다. 그러나 조사연구에 참여한 전문가들은 수자원공사의 평가를 인정할 수 없다고 했다. 그래서 여러 가지 시뮬레이션 견해를 종합해 최선의 대안을 찾아가야 한다. 수자원공사의 확증편향이 조직의 탄력성 제어, 재난방지스시템의 부실로 이어질 수 있다. 특히 수자원공사는 규모 6.5의 지진은 일어날 수 없다고 잘라 말한다. 필자가 최악의 시나리오를 설정해 공포감을 조성한다고 항변했다. 한반도 댐 보고서 내용을 뉴스 피크(news peak: 애매한 표현을 통해 여론을 조장한다는 뜻)쯤으로 보는 것이다. 한국지질자원연구원도 규모 6.5의 지진은 충분히 발생할 수 있다고 발표했다. 경북 포항의 안계댐 전방 500m 지점에 활성단층으로 양산단층대가 존재하고 있음을 확인했다. 경북 경천의 영천댐 밑에는 크고 작은 단층이 펼쳐져 있다. 지진에 취약한 곳에 댐이 들어서 있는 것이다.

울산시가 관리하는 회야댐은 집중호우에 무방비 상태이다. 하루 600mm의 비가 내리면 물이 넘쳐 댐은 붕괴된다. 2008년 8월 울산 회야댐 부근의 웅상지역에 시간당 70mm의 비가 내렸다. 회야댐 유역에 내릴 수 있는 하루 최대 강수량은 750mm, 이 비가 회야댐 유역에 내리면 댐의 붕괴는 초읽기에 들어간다.

전문가들과 함께 실시한 회야댐 붕괴 시뮬레이션 결과 댐이 붕괴되기까지는 불과 50여 분, 1시간 22분 만에 댐 아래 마을은 물폭탄을 맞게 된다. 이어 댐 붕괴 5분 뒤에는 망양리 수천 세대가 완전 침수된다. 1시간 34분 만에 도달한 물길은 온산읍 전체와 공단을 휩쓸며 엄청난 인명·재산피해를 입히고 동해로 향하면서 이 일대는 아수라장이 된다.

그러나 울산시의 대책은 전무하다. 취재팀이 회야댐에 대한 전기비저항탐사와 표면파탐사를 해 본 결과 댐체 내부에 최소 두 군데의 이상대가 발견, 누수 가능성이 있음이 밝혀졌다. 붕괴 위험성이 있다는 것이다.

울산 송정저수지, 수원 원천저수지 등 농촌공사 댐들도 최근의 집중호우에는 버틸 수 없는 것으로 나타났다. 한국수력원자력의 무주 양수발전댐도 누수를 숨겨오다 사회적 물의를 빚기도 했다. 한반도 댐들이 밀운불우(密雲不雨)의 행운만 바라고 있는 셈이다.

댐의 수질문제도 생각보다 심각했다. 한국수자원공사의 조사에 따르면 정수장 원수에서 항생물질이 검출되고 있다. 남한강, 북한강, 낙동강, 경안천 등 식수원수로 사용되는 수계에서도 각종 항생물질이 검출됐다. 의약품 오남용이 심각해짐에 따른 부작용이 나타나고 있는 것이다.

강원도 지역 폐탄광에서 발생하는 광산폐수는 충주댐, 팔당댐, 낙동강으로 흘러든다. 우리의 식수원수가 광산폐수로 오염되고 있다.

광산폐수가 유입되는 댐과 하천의 중금속 농도가 먹는 물 기준의 수십 배에 달했다. 또 광산폐수가 흘러드는 하천에서 자라는 물고기 역시 중금속에 심하게 오염돼 있다. 이런 물고기를 우리가 먹고 있는 것이다.

댐은 두 얼굴을 가지고 있었다. 겉모습은 건강하게 보였다. 그러나 속은 병들고 있었다. 우리 생활에 없어서는 안 될 댐의 그늘이 예상보다 심각했다. 필자는 댐을 조사·취재하면서 한반도 댐의 소리 없는 경고를 똑똑히 들었다.

창밖에 부는 바람을 방 안에 앉아 바람이 아니라고 할 수는 없다. 댐이 안전하다고만 주장하는 수자원당국에 진실의 창문을 열고 댐과 대화해 보기를 기대한다. 우리가 댐을 떠난 적은 있어도 댐이 우리 곁을 떠난 적은 없었다.

2011년 5월
편집실에서 박치현 씀

■ 차 례

제1장 물의 순환

1.1 물의 생성

46억 년 지구를 비롯한 태양계의 별들이 생겨났고 최초의 지구는 뜨거운 가스로 구성되었을 것으로 과학자들은 추정하고 있다. 오랜 세월 동안 가스가 냉각되면서 수소와 산소의 원자가 안개처럼 한 덩어리로 만났다. 이 수증기 안개가 수백 년 동안 끊임없이 비를 뿌려 지표면이 식어가면서 단단한 층을 이뤘다. 여기서 시냇물이 흘러 둥근 모양의 지구가 만들어졌다.

물은 지구에서 가장 풍부한 자원이다. 우주에서는 지구가 파란색으로 보이는데 물이 많기 때문이다. 지구상에 있는 물의 양 13억 8천 5백km³ 가운데 2.5%인 3천 5백만km³만 민물로 존재한다.

민물 중 중 69% 정도인 2천 4백만km³은 빙산형태이고 지하수는 29%인 1천만km³ 정도이며 나머지 2%인 1백만km³가 민물호수나 늪, 강, 하천 등의 지표수가 대기층에 있다. 하천이나 강에 있는 물은 1,200km³로서 지구 총수자원의 0.0001%이므로 전체로 보아 매우 적은 양이다.

지구상에는 지구표면을 2.7㎞ 깊이로 덮을 수 있는 엄청난 양의 물이 존재한다. 이 중 97.5%인 약 13억 5,100만㎢가 소금기 있는 염수(鹽水)이며, 2.5%인 3,500만㎢는 담수(淡水)다. 이 담수에는 빙설이 1.76%, 지하수가 0.76% 포함된다. 결국 호수나 하천에 있어 사람들이 쓸 수 있는 물은 0.0067%에 불과하다.

1.2 지구상 물의 순환

지구상의 물은 대기 중의 수증기, 비와 눈 그리고 얼음과 같이 그 모습을 달리하면서 끊임없이 하늘과 지표면(地表面) 및 지하 그리고 바닷속을 순환한다. 순환 과정에서 지구상의 모든 생명체가 생명을 유지할 수 있는 수분을 확보하게 된다. 물은 석유나 천연가스와 같이 고갈되는 자원이 아닌 순환성 물질인 것이다.

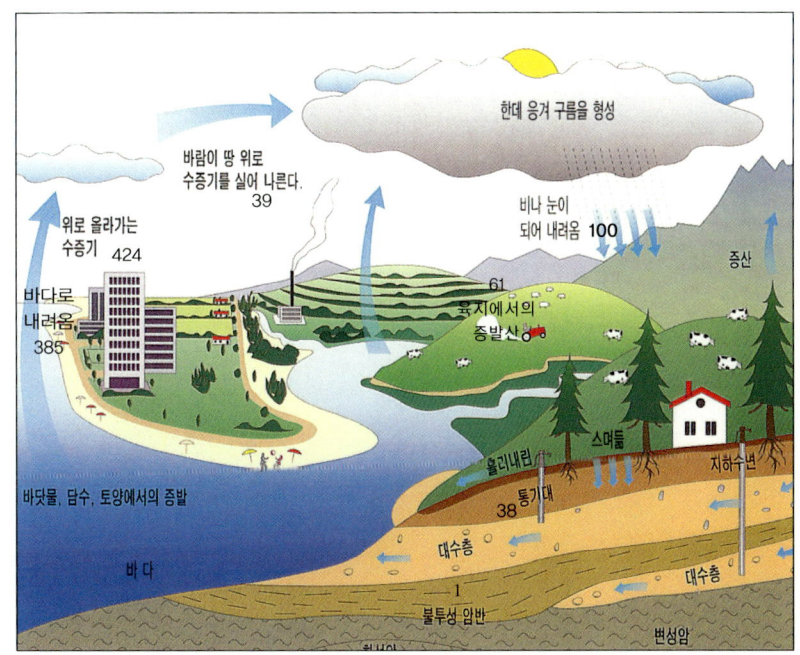

위로 올라가는
수증기 424

바다로
내려옴
385

바람이 땅 위로
수증기를 실어 나른다.
39

한데 응겨 구름을 형성

비나 눈이
되어 내려옴 100

중산

61
흙지에서의
증발산

바닷물, 담수, 토양에서의 증발

스며듦

지하수면

흘리내림

통기대
38

대수층

바다

불투성 암반

대수층

변성암

〈그림 1-1〉 물의 순환도[1]

1.3 지구의 물 부존량

지구상에 존재하는 물의 총량 약 14억㎦는 지구 전체를 2.7㎞ 깊이로 덮을 수 있는 양이며 전체 물의 2.5%에 불과한 담수는 지구 전체를 약 70m 깊이로 덮을 수 있는 양에 해당한다.

이 중에 지하수를 제외하면 인간이 사용할 수 있는 담수호의 물 또는 하천수는 약 9만㎦에 불과하고 이는 전 세계 물 총량의 2.5% 정도

---

1) 숫자는 물 흐름의 상대적인 양을 표시함.

밖에 되지 않는 담수 중에서도 약 0.26%에 그치고 있다. 이것으로 지구 표면을 덮는다면 농구선수 키 정도인 1.82m 깊이에 해당한다. 전 세계의 물을 5ℓ 용기에 담는다고 가정하면 이용 가능한 담수는 찻숟가락 하나 정도에 해당하는 양이다.

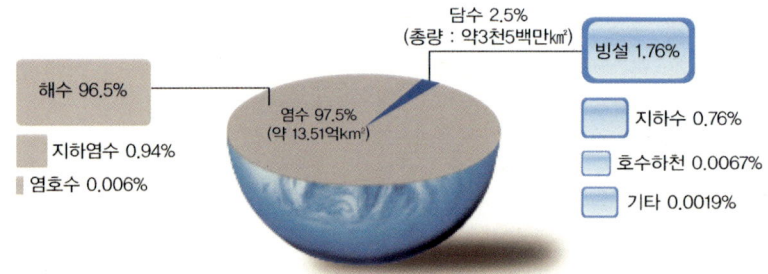

〈그림 1-2〉 지구의 물 부존량

〈표 1-1〉 수자원 분포 비율

구 분	부피(백만㎦)	비율(%)	비 고
총 량	1,386	100	
염 수	1,351	97.5	지하염수, 염수호수 포함
담 수	35	2.5	민물 중 상대적인 비율(%)
－빙설(빙하, 만년설, 영구 동토)	24	1.76	(69.55)
－지하수	11	0.76	(30.06)
－호수하천 등	0.1	0.0086	(0.39)

〈표 1-2〉 담수의 대륙별 분포 비율

계	아시아	북미	아프리카	기타지역
100%	21%	26%	28%	25%

1.4 심각해지고 있는 세계의 물 문제

세계 각국의 수자원 관리정책의 실패 등으로 세계 인구의 20%(약 11억 명)가 깨끗한 물을 마시지 못하고 있는 것으로 조사됐다. 또 26억 인구가 기본적인 하수처리시설도 없이 생활하고 공급된 물의 30~40%는 버려지거나 새고 있다. 여기에 급속한 도시화와 인구집중, 환경변화에 따른 가뭄이 세계적인 물 부족을 가중시키고 있다.

UNESCO는 "물도 기후 변화나 환경문제처럼 세계적인 협력과 과학적인 접근이 필요하다"고 촉구했다. UN은 지난 세기에 인구는 두 배로 증가한 반면, 물 사용은 6배나 늘었으며 2030년까지 식량수요가 55% 늘 것으로 예상되면서 물 수요는 가파르게 증가할 것으로 내다봤다.

한편 지구 전체의 수자원량은 변함이 없음에 반해 세계 인구는 1800년대 이후 기하급수적으로 증가하고 있어 1인당 사용 가능한 물의 양은 갈수록 줄어들 전망이다.

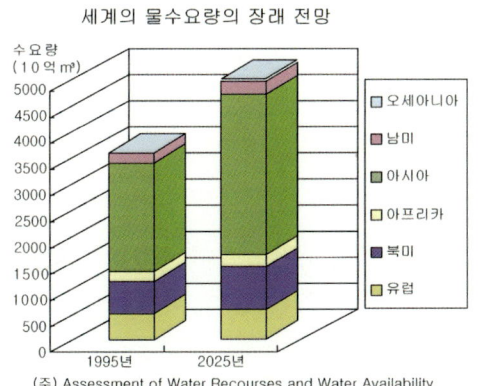

(주) Assessment of Water Recourses and Water Availability in the World: Shiklomanov, 1996(WMO발행)에서

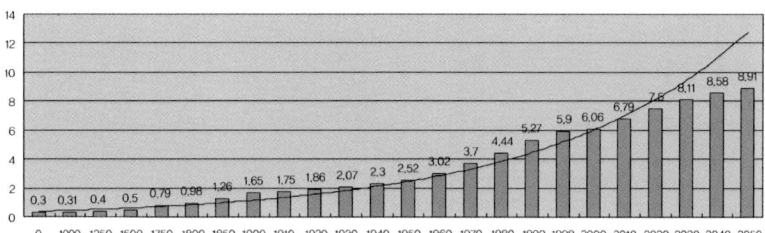

〈그림 1-3〉 인구증가 예상치

또 2025년까지 물 부족에 따라 매년 농작물 생산량이 미국·인도 연간 생산분(전 세계 경제 생산량의 30%)을 합쳐놓은 것만큼 줄어들 수 있으며 반면 에너지 생산에 들어가는 물의 양은 미국에서 165%나 늘어나는 등 물은 식량·기후·경제성장·안보를 연결하는 중요한 연결고리 역할을 하고 있다.

이처럼 중요한 물 관리를 등한시할 경우 경제연결망 붕괴 등의 심각한 문제가 발생될 우려가 있다.

제2장 미래의 물 전망

2.1 미래의 물 전망에 대한 예측

　물의 수요는 1950년~1990년 사이에 3배나 증가했고 글로벌 경제가 성장하면서 앞으로 35년 이내에 현재보다 2배나 증가할 것으로 보인다. 수자원 수요는 인구성장률을 크게 넘어서고 있으며 많은 지역에서 수자원 가격이 낮게 책정돼 수자원이 남용되는 원인이 되고 있다. 거대한 물 은행 역할을 하는 빙하도 2100년이면 거의 사라질 것으로 '수자원 이니셔티브 보고서'(세계경제포럼, 2009년)는 전망하고 있다.

<表 2-1> 미래의 물 전망에 대한 예측

국제인구행동연구소 (PAI: Population Action International)	오늘날 5억 5천만 명이 물압박국가나 물기근국가에 살고 있고 2025년까지 24억 명에서 34억 명의 사람들이 물압박 또는 물 부족 국가에 살게 될 것임
미국 NIC (National Intelligence Council: 미 CIA 산하기구)	2015년에는 세계인구의 절반이 넘는 30억 명 이상이 물 부족국으로 분류되는 나라에 살게 될 것임
세계기상기구(WMO)	2025년 6억 5천 3백만 명 내지 9억 4백만 명이, 2050년에는 24억 3천만 명이 물 부족을 겪을 것임
앤더슨 국제식량 기구연구소 소장	앞으로 25년 이내에 5개국 중 한 나라가 심각한 물 부족 사태에 직면할 것임
샌드라 포스텔 (Sandra Postel) World Watch Institute	향후 30년에 걸쳐 지구상의 인구는 약 24억 명이 더 늘어날 것임. 그런데 식량생산에 필요한 물의 40%만 강에서 가져온다 해도 농업용수가 매년 1천 750㎞³씩 증가해야 하며, 이 양은 대략 20개의 나일강 또는 97개의 콜로라도강의 규모와 맞먹음
국제원자력연구소 (IAEA, 2002. 3.)	현 추세대로라면 2025년 약 27억 명이 담수부족에 직면. 현재 약 11억 명이 안전한 식수원에 접근하지 못하고, 25억 명이 비위생적인 환경에 놓여 있으며, 500만 명 이상이 수인성 질병으로 사망. 비위생적인 물로 인한 사망자는 전쟁으로 인한 사망자의 10배에 달함
UN 요하네스버그 정상회담 (2002)	2050년 세계인구는 90억 명에 이를 전망. 11억 명이 안전한 마실 물 부족에 직면할 것이며 개발도상국 질병 원인의 10%는 안전한 식수 부족 또는 물 부족에 기인함
UN 세계 수자원 개발 보고서 (2003. 3)	지구의 1인당 담수공급량은 앞으로 20년 안에 1/3으로 줄어들고 2050년까지 적게는 48개국 20억 명, 많게는 60개국 70억 명이 물 부족을 겪을 것임. 2050년까지 인구는 93억 명으로 늘고, 오염된 담수원 면적은 현재 관개용 수자원면적의 9배에 달할 것임
캐나다 회의 (캐나다시민단체) 마우드 발로(2004. 12)	산유국이 카르텔을 형성, 석유자원을 무기화했듯이 머지않아 물이 풍부한 국가들도 그렇게 할 것이라고 전망
세계경제포럼수자원 이니셔티브 보고서 (2009. 1)	'수자원 부도(water bankruptcy)' 가능성 경고, "이제는 1970년대 석유파동(oil shock)이 아니라 물파동(water shock)에 대비해야 한다"고 지적

2.2 우리나라 강수량의 특성

2.2.1 우리나라 연평균

　도서지역을 포함한 우리나라의 연평균강수량은 1,245mm로, 과거 약 100년에 걸친 추세를 보면 연간 강수량은 대체로 증가 추세에 있음을 알 수 있다. 그러나 과거 100년간 연강수량 추이를 보면 최저치 754mm(1939년)와 최고치 1,792mm(2003년)로 2.4배 차이가 있으며 제주도와 남해안, 영동지역은 강수량이 많은 반면에 경북과 충청 등의 내륙지역은 강수량이 적어 연도별 및 지역별로 차이가 심하다. 특히 1960년대 이후 가뭄과 홍수가 증가하는 추세를 보이고 있을 뿐만 아니라 1990년대부터는 대홍수와 가뭄이 빈발해 댐의 용수공급과 홍수 방어능력이 취약해지고 있다.

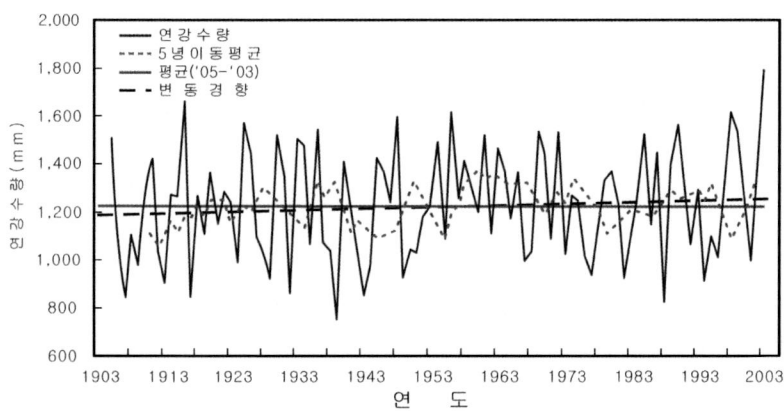

〈그림 2-1〉 연평균 강수량 현황

2.2.2 우리나라 강수량의 특징

우리나라의 연간 강수량은 세계 평균인 973mm보다 많지만 계절·연
도·지역별 강수량의 편차가 심하다. 국토의 65%가 산악지형이고,
하천경사가 급한 지리적 특성으로 홍수가 일시에 유출되며, 갈수기에
는 유출량이 적어 하천수질오염을 가중시키는 등 수자원의 이용 측

〈표 2-2〉 2008년도 수계별 평균 강수량 및 강수일수

기간 수계	강수량(mm)			강수일수(일)		
	평년	2008년	%	평년	2008년	%
전국*	1307.3	1024.6	78	105.7	103.7	98
한강	1286.0	1119.0	87	107.6	108.7	101
낙동강	1201.7	852.8	71	98.6	97.0	98
금강	1263.1	902.9	71	110.1	106.4	97
섬진강	1378.7	882.7	64	109.7	106.9	97
영산강	1401.2	956.9	68	112.9	112.7	100

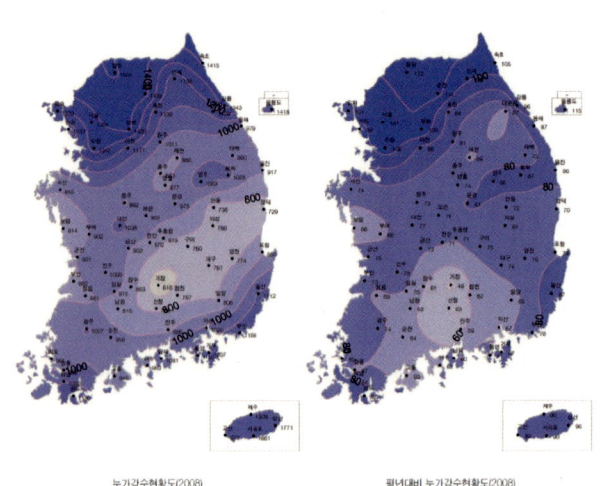

누가강수현황도(2008)   평년대비 누가강수현황도(2008)

▶ 자료: 수자원장기종합계획(국토해양부)

면에서 불리한 자연조건을 갖고 있다. 또 연례행사처럼 홍수와 가뭄
이 반복되고 있어 재해에 대한 안전망 확보를 위한 근본적인 치수대
책 마련과 함께 국민생활수준 향상에 따라 다변화된 용수 수요에 맞
는 합리적인 수자원 이용방안이 요구된다.

2.3 우리나라 수자원의 특성 및 이용현황

우리나라의 수자원은 여간 강수량이 1,245mm로 세계 평균(880mm)
의 1.4배나 크다. 그러나 좁은 국토면적에 높은 인구밀도로 인해 1인
당 부존량(강수총량)은 2,591m³/년으로 세계평균(19,635m³/년)의 13%
에 지나지 않는다.

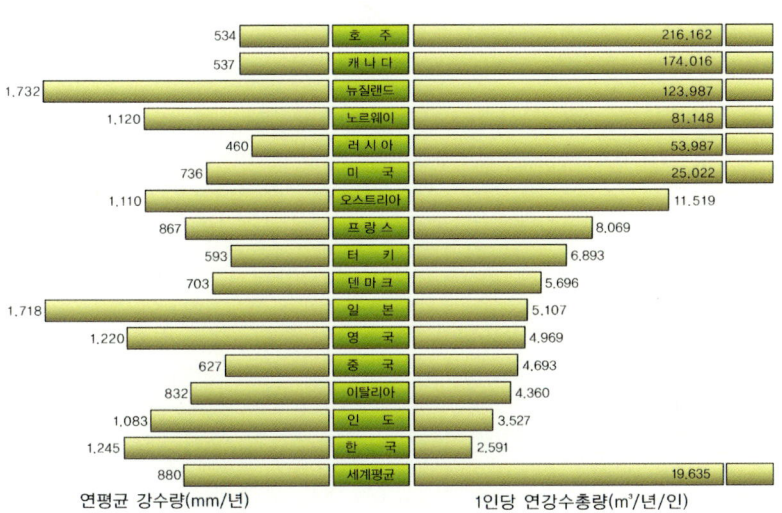

〈그림 2-2〉 세계평균과 비교한 우리나라의 강수량

<표 2-3> 수계별 부존 수자원

(단위: 억m³/년)

구분	한강 수계	낙동강 수계	금강 수계	영산강·섬진강 수계
증·발산량	175 (41.2%)	184 (49.0%)	98(49.2%)	113(42.0%)
하천 유출량	249 (58.7%)	191 (50.9%)	101(50.8%)	156(58.0%)
바다로 유실	105 (24.8%)	105 (28.0%)	42 (21.1%)	108(40.1%)
수자원 총량	**424 (100%)**	**375 (100%)**	**199 (100%)**	**268 (100%)**

▶ 자료: 수자원장기종합계획(한국수자원공사, 2006)

우리나라는 국토면적의 70%가 지면경사 20% 이상으로 비가 내리면 단시간 내에 하천으로 흘러들어 간다.

하천유량 변동계수도 다른 나라에 비해 크다(한강 90, 낙동강 260, 금강 190, 센강 34, 라인강 18, 양자강 22). 소양강댐에서 5,000m³/초 방류 때 한강 인도교까지 14.50시간 소요되고 충주댐에서 15,000m³/초 방류 때 인도교까지 12.51시간이 걸린다.

또 강수량의 2/3가 여름철(6~9월)에 집중돼 연간 731억m³의 수자원 부존량을 보유하고 있음에도 67%인 493억m³이 홍수로 유출돼 바다로 유입되고 33%인 238억m³만 홍수기가 아닌 평상시에 유출된다.

연 강수의 부존 총량 중 증발로 인한 손실 등을 빼면 이용 가능량은 26%에 불과하다. 지하수 이용 가능량은 연간 133억m³로 추정되지만 현재 이용량은 연간 40억m³에 지나지 않는다. 특히 연도별, 지역별, 계절별 강수량의 차이가 크고 변화의 폭이 커 수자원 관리에 매우 불리한 특성을 갖고 있다.

우리나라 수자원의 전체 이용량 333억 톤 중 자연하천수가 50%나 돼 조금만 가물어도 취수장애가 발생하고 있어 하천정비 및 대체수자원의 개발이 필요하다.

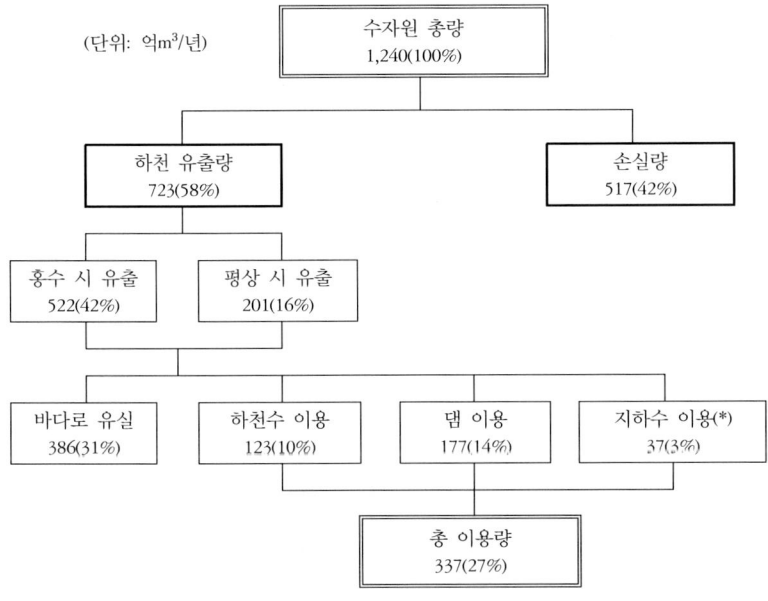

(단위: 억m³/년)

```
                    ┌─────────────────────┐
                    │     수자원 총량      │
                    │    1,240(100%)      │
                    └─────────────────────┘
                               │
             ┌─────────────────┴──────────────────┐
    ┌──────────────────┐              ┌──────────────────┐
    │   하천 유출량     │              │     손실량       │
    │    723(58%)      │              │    517(42%)      │
    └──────────────────┘              └──────────────────┘
             │
      ┌──────┴───────┐
┌──────────────┐ ┌──────────────┐
│  홍수 시 유출 │ │  평상 시 유출 │
│  522(42%)    │ │  201(16%)    │
└──────────────┘ └──────────────┘
      │
  ┌───┴────────┬─────────────┬──────────────┐
┌────────┐ ┌────────┐ ┌────────┐ ┌──────────────┐
│바다로 유실│ │하천수 이용│ │ 댐 이용 │ │ 지하수 이용(*) │
│386(31%)│ │123(10%)│ │177(14%)│ │  37(3%)      │
└────────┘ └────────┘ └────────┘ └──────────────┘
              │
        ┌──────────────┐
        │   총 이용량   │
        │  337(27%)    │
        └──────────────┘
```

〈그림 2-3〉 우리나라 수자원 이용 현황[2]

수요처별 용수사용 비율을 대략 농업용수가 약 48%, 생활용수 22%, 공업용수가 9%, 하천유지용수가 21% 정도인 것으로 파악되고 있다.

2.4 수자원 부존량 및 이용현황 변화

수자원총량은 연평균 강수량의 감소와 임남댐 건설에 따른 북한강 수계의 유입량 감소 등의 영향으로 1998년 이후 36억m³이 감소했으나 댐 건설 등 이수시설의 확충으로 총 이용량은 1965년 이후 6배 이상 크게 증가했다.

---

2) 지하수 이용(*): 제주도 지하염수 이용량 1,472백만m³ 이 제외된 양임.

〈표 2-4〉 수자원 부존량 및 이용현황 변화

(단위: 억m³/년)

연도 구분	1965년	1980년	1990년	1994년	1998년	2003년
수자원 총량	1,100	1,140	1,267	1,267	1,276	1,240
총이용량	51.2(100%)	153(100%)	249(100%)	301(100%)	331(100%)	337(100%)
생활용수	2.3(4%)	19(12%)	42(17%)	62(21%)	73(22%)	76(23%)
공업용수	4.1(8%)	7(5%)	24(10%)	26(8%)	29(9%)	26(8%)
농업용수	44.8(88%)	102(67%)	147(59%)	149(50%)	158(48%)	160(47%)
유지용수	－	25(16%)	36(14%)	64(21%)	71(21%)	75(22%)

▶ 자료: 수자원장기종합계획(국토해양부)

인구증가로 생활용수의 이용량이 상대적으로 높은 증가세를 보이고 있으며 공업용수를 제외한 그 외 용도의 수자원 이용량도 꾸준히 증가하는 추세이다.

  총 이용량 중에서 공급원별 비율을 보면 하천수가 48.6%, 댐 용수가 40.2%, 지하수가 11.2%를 담당하고 있다. 지하수는 전체 사용량의 50%를 생활용수가 차지하고 있으며 농업용수가 42%, 나머지 8%는 공업용수와 온천수, 먹는 샘물 등 기타 용도로 사용되고 있다.

〈표 2-5〉 수계별 수자원 이용현황

(단위: 억m³/년)

구 분	한강 수계	낙동강 수계	금강 수계	영산강 · 섬진강 수계
하천수 이용량	56(13.2%)	50(13.3%)	33(16.6%)	33(12.3%)
댐용수 이용량	39(9.2%)	30(8.0%)	22(11.1%)	12(4.5%)
지하수 이용량	13(3.1%)	6(1.6%)	4(2.0%)	3(1.1%)
총이용량	108(25.5%)	86(22.6%)	59(29.7%)	48(17.6%)
생활용수	18(17%)	18(21%)	6(10%)	4(8%)
공업용수	13(12%)	8(9%)	3(5%)	2(5%)
농업용수	28(26%)	45(53%)	39(66%)	37(76%)

유지용수	31(29%)	15(18%)	11(19%)	5(10%)
용도별 이용량	108(100%)	86(22.6%)	59(100%)	48(100%)

▶ 자료: 수자원장기종합계획(한국수자원공사)

국제 인구행동연구소(PAI)에 따르면 우리나라의 활용 가능한 물 자원량은 661억m³으로 예측되고 있다. 국민 1인당 활용 가능량으로 환산하면 1950년 3,247m³에서 1995년에는 1,472m³로 줄어 물 부족 국가로 분류되고 있다. 그나마 2025년에는 1,258m³로 감소해 물 기근 국가로 전락할 위기에 처해 있다.

농촌지역의 경우 수자원은 한정돼 있고 환경파괴와 적시부족 등의 이유로 신규 수자원개발이 불가능해 새로운 대안이 제시되어야 할 시점이다.

수자원 확보를 위한 신규 저수지의 건설은 환경파괴 방지와 보상비 등 직접 건설비 외의 비용 상승으로 건설비용이 과도하게 소요된다. 또 환경단체들의 개발 반대에 부딪쳐 추진되지 못하고 있는 실정이다. 이에 따라 농업용 저수지에 대한 생활, 공업용수 공급 등 다목적 활용으로의 기능 확대의 요구가 커지고 있으며 500만m³ 이상의 저수용량을 가진 중규모 이상의 저수지를 대상으로 한 리모델링 등 효율적인 수원확보 방안이 시급한 실정이다.

기존의 소규모 저수지, 소류지, 용수로 등을 활용하여 환경피해를 줄이고 적정 저수용량을 증대할 수 있는 저수지 개발 방식이 시급하다.

우리나라에서 유역면적과 연평균유출량을 기준으로 보면 한강이 가장 크고 유로연장을 기준으로 보면 낙동강이 규모가 가장 크다. 그리고 10대 하천 중에서 유역 내 강수량이 가장 많은 곳은 섬진강으로 연평균 1,433mm를 나타내고 있다. 유역별 하천수는 낙동강이 795개의 지류하천으로 구성되어 가장 많다.

〈표 2-6〉 주요 유역별 수자원 현황

강 이름	유역면적(km²)	유로연장(km)	연평균유출량(억m³)	연평균강수량(mm)	하천개수(개)
한 강	25,954	494	160	1,208	703
낙동강	23,384	506	157	1,178	795
금 강	9,912	398	70	1,227	486
섬진강	4,912	224	41	1,433	284
영산강	3,468	138	28	1,336	170
안성천	1,656	76	11	1,189	103
삽교천	1,649	64	11	1,194	100
만경강	1,504	81	12	1,255	82
형산강	1,133	63	7	1,133	30
동진강	1,124	51	9	1,224	88
합 계	74,696	2,095	506	1,283	2,841

▶ 자료: 한국수자원학회(http://www.kwra.or.kr)

제3장 댐이란 무엇인가?

3.1 댐의 정의

댐은 강의 본류에 수위를 조절하기 위해 만든 저수지를 말한다. 홍수기나 풍수기에 강의 수량이 풍부할 때 저수지에 가두었다가 유량이 부족한 갈수기 때 흘려보내는 기능을 가지는 것을 '저수댐(storage dam)'이라 한다. 일반적 개념의 댐은 보통 저수댐을 말한다.

「댐건설 및 주변지역지원 등에 관한 법률」에서는 "댐이라 함은 하천의 흐름을 막아 그 저수를 생활 및 공업의 용수, 농업의 용수, 발전, 홍수조절, 기타의 용도(특정용도)로 이용하기 위한 높이 15m 이상의 공작물을 말하며 여수로·보조댐 기타 당해 댐과 일체가 돼 그 효용을 다하게 하는 시설 또는 공작물을 포함한다"라고 정의하고 있다. 용도가 하나이면 "단일목적 댐" 또는 "전용 댐"이라고 하고 2가지 이상의 용도로 이용하는 것(특정 용도에 전용되는 시설 또는 공작물을 제외한다)을 "다목적 댐"이라 한다.

최근 수자원의 수요가 증가함에 따라 단일 목적 댐의 건설보다는 다목적 유역관리(Multiple-purpose Areal Development)를 요구하는 다목적 댐을 개발하는 추세이다.

우리나라는 옛날부터 벼농사 용수공급을 위해 소류지(小溜池)나 저수지를 하천 계곡이나 凹형 지대에 건설할 때 취수보(取水洑)나 제방이라는 이름으로 소규모 흙댐을 축조한 것을 『삼국사기(三國史記)』에서 볼 수 있으며 토목기술을 일본에 전하기도 했다.

인도와 스리랑카에서는 옛날에 대규모로 흙댐을 축조하였는데 그 중 일부는 오늘날까지 남아 있다. 콘크리트 중력(重力)댐이 세계에서 처음으로 축조된 것은 16세기 말 에스파냐 남동쪽 티비 계곡의 알만자댐(높이 약 20m)이며 계속해서 알리칸트댐(높이 41m)이 1594년에 완공됐다.

그 후 댐의 구조가 점차 발달돼 관개용수, 수도나 수차(水車), 발전수력·홍수조절 등의 목적으로 응용범위가 확대됨에 따라 용수의 수요증대(需要增大)를 위해 대규모 댐이 건설되고 있다.

3.2 댐의 분류

댐은 목적과 유량 제어방법, 구성재료, 설계구조 및 형태, 높낮이 등에 따라 구분된다. 저수댐은 규모가 크고 홍수 조절을 목적으로 하므로 관개·상수도·공업용수·발전 등의 용수공급·홍수조절·어류양식 등 여러 용도에 사용된다.

저수댐은 한 가지 목적으로 사용되는 전용댐과 두 가지 이상의 용도로 만들어진 다목적댐으로 분류된다. 소양강댐, 안동댐, 대청댐, 충주댐 등 대부분은 다목적댐들이다.

취수댐은 수로식 발전소의 취수 등 하천 취입지점에서 물을 저수하기 위해 만든 댐이며 사방댐은 하천으로 유입되는 다량의 유출토사를 막기 위해 하천 상류에 설치하는 낮은 댐이다.

유량제어방법에 따라서는 고정댐(fixed dam)과 가동댐(movable dam)으로 구분한다. 고정댐에는 댐마루에 수문을 설치해 수위를 조절하고 홍수를 방지하는 월류형댐(越流型: over flow dam)과 별도로 홍수여수로(flood spillway)를 설치해 댐 마루에서 월류시키지 않는 비월류형댐이 있다.

가동댐은 홍수가 발생하였을 때 홍수량을 안전하게 처리하거나 홍수량을 조절해 상류, 하류의 피해를 경감시키는 목적으로 설치한다.

구성재료에 따라서는 콘크리트댐, 록필댐(rock fill dam, 砂礫댐이라고도 함), 흙댐(earth dam), 철재댐(steel dam) 등으로 분류되며 역학적 구조에 따라서는 중력댐(gravity dam), 아치댐(arch dam), 중공댐(中空댐, buttress dam, 扶壁댐이라고도 함) 등으로 나눠진다. 높낮이에 따라서는 하천관리 행정상 30m를 넘으면 높은 댐으로 분류하고 안전 기준을 강화하고 있다.

3.3 댐의 특징

3.3.1 필댐

필댐은 재료면에서는 흙댐(earth-fill dam)과 록필댐(rock-fill dam)등 두 종류가 있고 구조면으로는 균일형·존(zone)형·코어(core)형·포장형 등 4가지로 분류된다.

균일형은 제체(堤體)의 최대단면에서 균일재료 단면이 80% 이상을 차지하는 것이고 존형은 몇 개의 존으로 이루어지므로 불투수성부(不透水性部)의 두께가 제고(堤高)보다 큰 것, 코어형은 불투수성부의 두께가 제고보다 작은 것으로 댐의 중심선이 전부 코어로 쌓이는 경우를 중심 코어형, 벗겨지는 경우를 경사 코어형이라고 한다. 또 포장형은 아스팔트나 철근 콘크리트로 상류면을 포장하는 형을 말한다.

필댐의 특징은 곡형(谷形)에 대한 제약이 없고 기초지반의 제약이 다른 형식의 댐보다 적다. 적절한 설계시공을 하면 견고한 암반기초는 물론 실트 또는 모래기초·점토기초 등 모든 기초를 축조할 수 있다. 그러나 필댐은 댐 마루에 물이 넘치면 붕괴되기 쉬운 단점이 있다.

코어형은 코어와 이것을 쌓는 부분의 재료질 및 시공요령이 달라 경계면이 약하고 파손되면 수리가 곤란하다.

이에 반해 포장형은 차수벽(遮水壁)이 노출돼 검사나 수리가 쉽다. 제체를 완성한 후 상당기간에 걸쳐 압밀(壓密) 등에 의한 제체의 변형이 계속되고 축제토(築堤土)의 성질도 변한다. 또 수위 변동에 따라 제체의 강도가 변화하고 구조상 결함이 생길 수 있어 충분한 유지관리가 필요하다. 한국의 대표적인 필댐은 소양강 다목적댐이다.

3.3.2 중력댐

콘크리트 중력댐은 자체중량에 의해 지지력을 받는 댐인데 횡단면의 모양은 전도(turn over)되지 않도록 단면 형상을 삼각형으로 하고 상류면은 거의 수직에 가깝게 해야 한다. 또한 미끄러지지 않고 자체중량에 의해 변형, 균열되지 않도록 설계한다.

이 댐의 특징은 곡형에 제약을 받지 않는다. 기초지반은 원칙적으로 불투수성 암반으로 필댐보다 제약을 많이 받는다. 대용량의 여수로(餘水路)를 댐 마루와 댐의 하류면을 이용해 안전하게 설치할 수 있다.

댐 부근에서 콘크리트용 골재를 얻기 힘들고 장거리 운반을 요할 경우가 많다. 또 근처의 암석을 이용할 때도 크기(입자지름) 등의 조정을 위한 별도의 작업이 필요하다. 다른 콘크리트댐에 비해 콘크리트 용적이 크지만 표준형의 거푸집을 쓸 수 있고 시공관리가 비교적 쉽다. 섬진강·청평 화천댐이 모두 콘크리트 중력댐이다.

3.3.3 중공중력댐

이 댐은 콘크리트 중력댐의 플록(floc) 상류면 폭을 넓혀 지수벽을 만들고 중공부를 설치해 콘크리트를 절약한 것으로 역학적으로는 콘크리트 중력댐과 같지만 상류면에 작용하는 연직수압(鉛直水壓)을 유효하게 이용하기 위해 만수면(滿水面) 부근을 정점으로 하는 이등변삼각형으로 하고 경사도는 상·하류 모두 1:0.5 정도를 한다.

중공중력댐의 특징은 제고(堤高)가 30~150m로 높을수록 또 U자형곡(U字形谷)의 경우는 강폭이 넓을수록 유리하다. 기초 조건이 콘크리트 중력댐과 비슷하고 축조 후 유지 관리가 쉽다.

댐 콘크리트의 노출 면적이 크고 부재(部材)의 두께도 얇아 콘크리트의 수화열발산(水化熱發散)에 유리하다. 그러나 한랭지에서는 동결·융해의 피해를 받기 쉽다. 콘크리트 중력댐과 같이 여수로의 설계는 쉽지만 공사 중 홍수처리가 어렵다. 중공부의 밑 부분에는 암반이 노출돼 있으므로 제체에 작용하는 양압력(揚壓力)은 극히 약화된다.

콘크리트 중력댐에 비해 콘크리트 체적은 10~30% 절약되지만 거
푸집 면적이 크고 시공이 비교적 힘들다.

3.3.4 아치댐

아치댐은 수압과 같은 하중의 대부분을 아치작용에 의해 양안(兩岸)에
전달되도록 제체의 수평 단면형이 아치 모양의 곡선으로 된 댐이다. 하천
의 폭이 댐 높이에 비해 크지 않은 곳에 건설한다. 재료는 콘크리트 중력
식 댐보다 적게 들고 댐 본체에는 원칙적으로 철근은 사용하지 않는다.
아치댐은 곡폭(谷幅)이 좁고 양안이 급경사로 되어 있는 지형에 유
리하다. 기초암반 조건이 다른 모든 댐보다 엄격하고 지지력·활동저
항(滑動抵抗), 수밀성(水密性), 내구성 등이 우수해야 한다. 월류에는 비
교적 안전하나 홍수량이 많으면 여수로의 특별한 고려가 필요하다.
댐의 두께가 얇아 콘크리트의 수화열 발산이 용이하다. 아치 작용
을 이용해 외력의 대부분을 양안의 기초에 전달되기 때문에 댐 체적
은 다른 형식의 댐보다 작고 설비나 골재 등의 운반이 유리하지만 곡
면시공(曲面施工)으로 되기 때문에 경비가 많이 든다.

3.4 우리나라 댐의 역사

우리나라 최초의 댐은 『삼국사기』에 신라가 축조한 것으로 기록돼
있는 벽골제이다.
삼국시대에 축조된 것으로 알려진 저수지로는 김제 벽골제를 비롯

해 눌제, 황등제, 시제, 제천 의임지, 대제지, 밀양 수산제 공검지, 영천 청제 등이 있다.

고려시대와 조선시대에 축조된 저수지는 전해지지 않지만 고려시대(성종15년)에 이미 공조산하에 우수부가 있었다는 기록이 있어 우리 선조들이 농업발전을 위해 수리시설에 큰 관심을 가졌다는 것을 알 수 있다.

일제시대에 건설된 수력발전용 댐은 압록강수계에 부전강 부전호댐(높이 76m, 1929), 장진강 갈전댐(높이 55m, 1936), 메물댐(높이 20m, 1936), 허천강 연두평댐(높이 100m, 1940), 황수원댐(높이 60m, 1940), 내중리댐(높이 43m, 1940), 사초평댐(높이 86m, 1944)이 있고 섬진강수계에는 관개용 댐을 겸한 운암댐(높이 26m, 1928) 등의 콘크리트 중력식댐이다.

일제는 식량증산시책으로 많은 관개용 댐을 건설했다. 관개용 댐은 남북한을 합해 256개로 그 중 높이 15m 이상의 댐은 63개로 남한이 48개, 북한이 15개였다. 일제시대 남한에 건설된 높이 15m 이상의 관개댐은 콘크리트중력식인 대아구댐(높이 33m, 1922) 등 87개이다. 또 일제시대 건설된 생활용수 댐은 부산의 법기댐(높이 25m, 1939, 콘크리트댐) 등 10개에 불과한데 주로 일본인의 생활용수공급이 목적이었다.

광복 이후 정부는 혼란과 재정 빈약으로 한동안 댐 공사를 중단했다가 관개용 댐인 전남 성평의 대동댐(높이 16m, 흙댐, 1949)을 비롯해 27개 댐을 모두 흙댐으로 건설했다. 생활용수 댐으로는 부산의 회동댐(높이 28m, 중력식 콘크리트댐, 1946)이 준공됐다.

6·25전쟁 후에는 외국원조로 관개용 댐이 많이 건설됐다. 충남 보령의 청천댐(높이 20m, 흙댐, 1960)을 비롯해 169개의 관개용 댐이 모두 흙댐으로 건설되었으며 생활용수댐인 경기도 연천의 중리댐(높이

26m, 흙댐, 1960) 등 2개 댐도 흙댐으로 건설됐다. 또 1957년에는 국내 기술로 수력발전용 댐인 충북 괴산댐(높이 28m, 중력식 콘크리트댐, 1957)이 완공됐다(http://kncold.or.kr).

1962년을 기점으로 전천후 농업용수개발, 공업의 고도화계획, 장기 전원개발, 사회간접자본화 등을 위해 댐건설이 경제개발의 화두로 등장하는 시기에 댐건설의 양적 팽창과 더불어 댐건설 기술도 많이 향상돼 장성댐(높이 36m, 록필댐, 1976)을 비롯해 무려 425개의 관개용 댐이 건설됐다. 또 생활용수와 공업용수공급을 목적으로 사연댐(높이 46m, 록필댐, 1965) 등 49개의 댐이 지어졌다. 같은 시기에 북한강 지역에는 전력 수급을 위해 춘천댐(높이 40m, 중력식 콘크리트 록필댐, 1965), 의암댐(높이 30m, 중력식 콘크리트 록필댐, 1967) 등 9개의 수력발전용 댐과 청평양수발전소 본댐(높이 62m, 록필댐 1980) 등 4개 댐은 양수발전용으로 만들어졌다.

1964년 특정다목적댐법의 제정에 따른 다목적댐 건설은 소양강댐(높이 123m, 록필댐, 총 저수용량 29억m³, 1973)을 비롯해 8개의 다목적댐이 만들어졌다(http://kncold.or.kr).

3.5 우리나라 댐의 현황

우리나라 댐의 종류는 생활용수공급댐, 공업용수공급댐, 발전전용 댐, 농업용수공급댐, 다목적댐 등으로 구분되며 규모로는 댐의 높이가 15m를 기준으로 소형댐과 대형댐으로 나눈다.

우리나라에는 2010년 현재 건설 중인 시설을 포함해 17,656개의 다양한 댐이 있다. 최초의 다목적댐은 1965년 12월 준공된 섬진강댐이다. 지금까지 건설된 다목적댐은 20개(한강수계－소양강댐, 충주댐, 횡성댐/ 낙동강수계－안동댐, 임하댐, 합천댐, 남강댐, 밀양댐/ 금강·섬진강 수계－대청댐, 용담댐, 섬진강댐, 주암댐, 부안댐, 보령댐, 장흥댐)에 이른다. 생활·공업용수 전용댐은 63개, 발전 전용댐은 21개, 농업용댐은 1,114개, 홍수 조절용댐은 1개(평화의 댐)다.

<표 3-1> 전국 다목적댐 현황

수계명	댐 명	유역면적 (km²)	제원 높이 (m)	제원 길이 (m)	총저수량 (백만m³)	유효 저수용량 (백만m³)	발전시설 용량 (천kW)	사업효과 홍수조절 (백만m³)	사업효과 용수공급 (백만m³/년)	공사 기간
계		22,267.6			12,580.1	8,825.2	1,045.2	2,197.8	10,883.8	
한 강	소양강댐	2,703	123	530	2,900	1,900	200	500	1,213	'67~'73
	충주댐	6,648	97.5	447	2,750	1,789	412	616	3,380	'78~'86
	횡성댐	209	48.5	205	86.9	73.4	1.0	9.5	120	'90~'00
낙동강	안동댐	1,584	83	612	1,248	1,000	90	110	926	'71~'77
	임하댐	1,361	73	515	595	424	50	80	592	'84~'93
	합천댐	925	96	472	790	560	101.2	80	599	'82~'89
	남강댐	2,285	34	1,126	309.2	299.7	14	270	573	'87~'99
	밀양댐	95.4	89	535	73.6	69.8	1.3	6	73	'90~'01
금 강	대청댐	3,204	72	495	1,490	790	90	250	1,649	'75~'81
	용담댐	930	70	498	815	672	26.2	137	650	'90~'01
섬진강	섬진강댐	763	64	344	466	370	34.8	32	350	'61~'65
	주암댐	1,010	58	330	457	352	0.5	60	270	'84~'92
	주암 조절지	134.6	99.9	562.6	250	210	22.5	20	219	'84~'92
직소천	부안댐	59	50	282	41.5	35.6	0.2	9.3	35	'91~'96

웅천천	보령댐	163.6	50	291	116.9	108.7	0.7	10	107	'92~'98
탐진강	장흥댐	193.0	53	403	191	171	0.8	8	127.8	'96~'06

▶ 자료: 한국수자원공사(2008)

ICOLD(국제대형댐위원회)에 따르면 한국은 총 1,214개의 대형댐(15m 이상, 4층 건물 높이 이상)을 보유하고 있다. 이는 댐의 보유개수로는 세계 7위 수준이며 국토면적 대비 댐 밀도는 세계 1위에 해당한다.

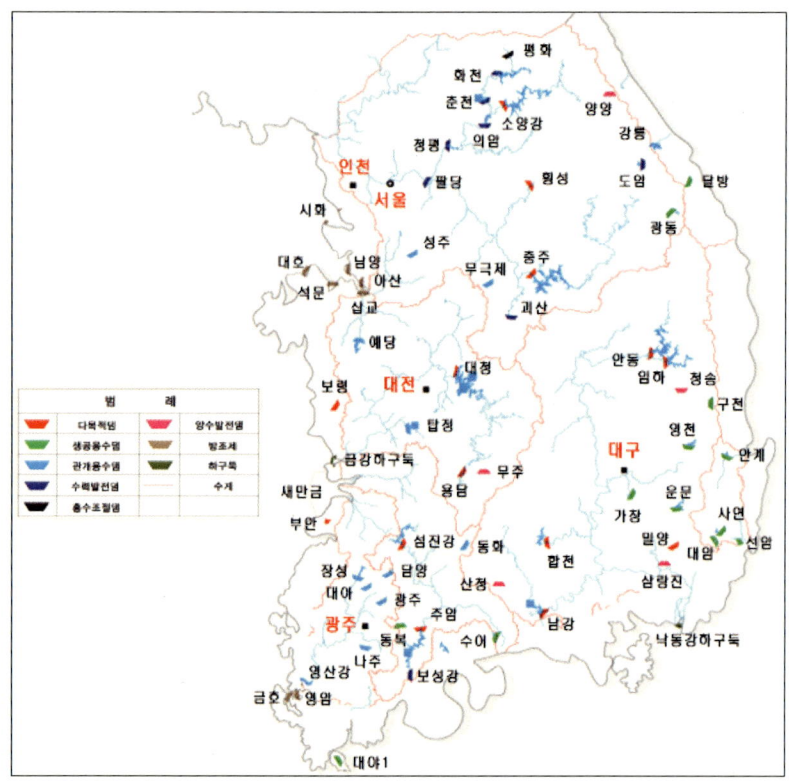

▶ 자료: http://kncold.or.kr

〈그림 3-1〉 한국의 댐 현황

세계에서 가장 조밀하게 댐을 건설하고도 홍수 피해액이 기하급수
적으로 늘어난 것은 댐의 홍수조절기능이 효과를 거두지 못하고 있
다는 반증이다.

댐의 수를 행정구역별로 보면 경상북도, 경상남도, 전라남도, 전라
북도, 충청남도, 충청북도, 경기도, 강원도의 순을 보이고 있으며 경
기도와 강원도 등 중부지방의 밀도가 낮고 전라도와 경상도 등 남부
지방의 밀도가 높다. 이러한 분포특성은 지역의 기후학적 특성과 지
형학적 특성 때문이다. 경상도는 강수량이 다른 지역에 비해 10∼
20%가량 적고 지형의 경사가 급해 지표수기 빨리 배출뇌므로 댐과
저수지의 필요성이 크다.

〈그림 3-2〉 행정구역별 농업용저수지 분포 현황

반면 전라도는 강수량이 많고 지형이 평탄해 농업이 발달된 곳이다. 그러나 이 지역에 대규모 댐의 입지가 부족해 소규모 농업용 저수지의 개발을 촉진시킨 것으로 분석된다.

3.6 우리나라에서 가장 큰 댐

댐은 용도에 따라 관리기관도 다르다. 다목적댐은 한국수자원공사(www.kwater.kr), 생공용댐은 한국수자원공사와 지방자치단체, 농업용수댐은 한국농촌공사, 발전댐은 한국수력원자력에서 각각 건설, 운영, 관리하고 있다.

저수용량이 가장 큰 댐은 1973년 완공한 소양강댐으로 저수용량이 29억m³에 이른다. 12억m³의 용수공급과 5억m³의 홍수 조절 능력을 갖추고 있으며 발전시설용량이 20만kW로 전국 총가구의 3.3일 간 전력 사용량에 해당하는 연간 353만 kW의 에너지를 생산하고 있다.

저수용량 기준으로 보면 소양강댐(29억m³)이 가장 크고 충주댐(27.5억m³), 대청댐(14.9억m³), 안동댐(12.5억m³) 등의 순을 보이고 있다. 그러나 발전 용량으로 볼 때 충주댐은 41.2만kW로 소양강댐보다 2배나 커 우리나라 전력공급에 큰 공헌을 하고 있다.

우리나라에서 가장 높은 댐도 소양강댐으로 높이가 123m이르고 있으며 2위는 주암조절지댐(99.9m), 3위는 충주댐(97.5m)이다.

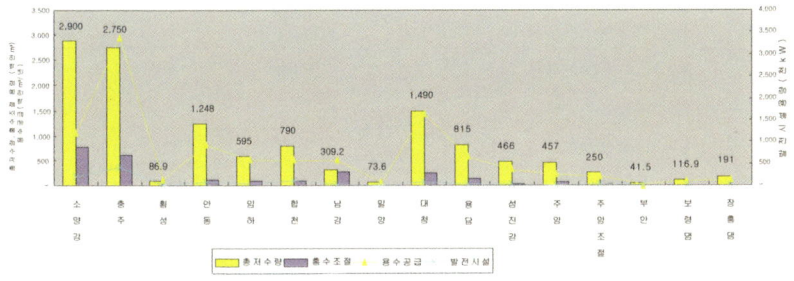

〈그림 3-3〉 다목적댐의 저수량 및 홍수조절능력

3.7 댐별 유효저수량 비율

저수용량 300만m³ 이상의 댐 1,213개 가운데 유효저수량을 기준으로 보면 20개 다목적댐이 63.0%를 차지해 다른 1,193개 댐 저수용량의 1.7배에 달하는 것으로 나타났다.

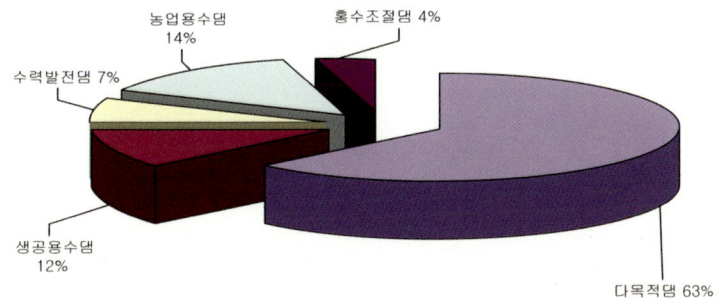

〈그림 3-4〉 댐별 유효저수량 비율

<표 3-2> 수계별 유효저수량

구 분	합 계	다목적댐	생공용수댐	수력발전댐	농업용수댐	홍수조절댐
유효저수량3)(백만m³)	13,799	8,717	1,628	957	1,907	590
개소	1,208	15	62	16	1,114	1
한강수계	127	3	4	7	112	1
낙동강수계	309	6	5	5	293	−
금강수계	137	2	4	2	129	−
섬진강수계	102	2	1	1	98	−
영산강수계	72	−	9	−	63	−
기타	461	2	39	1	419	−

▶ 자료: 댐건설장기계획(국토해양부, 2007)

3.8 시설별 용수공급량

시설별 용수공급량을 살펴보면 <그림 3-5>에서 우리나라 전체 댐의 용수공급량 129억m³ 중에서 다목적댐은 93.7억m³(73%), 하구둑은 17.3억m³(13%), 농업용수댐은 11.4억m³(9%), 생활용수댐은 6.6억m³(5%)를 차지하고 있다.

---

3) 1. 유효저수용량은 총저수용량에서 비활용용량과 사수용량(가장 낮은 방수구의 수위 아래 저수용량)을 제외한 용량으로 실제 이용 가능한 수량을 말함
2. 제주도와 울릉도를 제외한 전국의 댐 시설 및 저수지(건설 중인 시설 포함) 개수

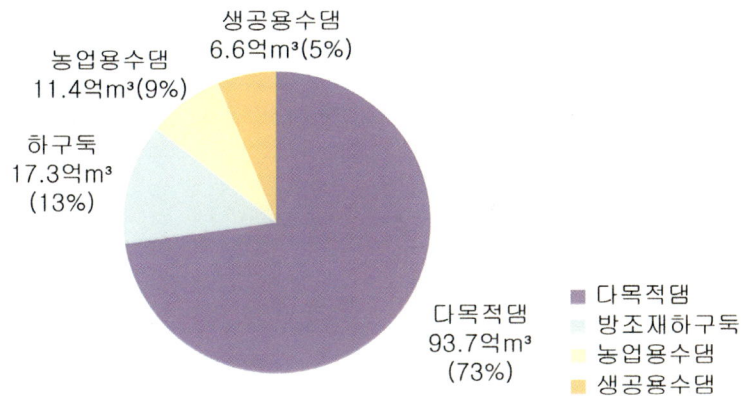

생공용수댐
6.6억m³(5%)

농업용수댐
11.4억m³(9%)

하구둑
17.3억m³
(13%)

다목적댐
93.7억m³
(73%)

■ 다목적댐
■ 방조재하구둑
■ 농업용수댐
■ 생공용수댐

▶ 자료: 한국수자원학회(http://www.kwra.or.kr)

〈그림 3-5〉 시설별 용수공급량

3.9 농업용 저수지 현황

<표 3-3>와 <표 3-4>는 우리나라 전국 농업용저수지의 저수량과 설치시기 현황을 나타낸 것이다.

〈표 3-3〉 농업용 저수지 저수량

저수량	10만m³ 미만	10~100만m³ 미만	100만m³ 이상	계
개소수	15,798	1,606	416	17,820
%	89	9	2	100

▶ 자료: 농업생산기반조성사업통계연보 2002(농림부)

〈표 3-4〉 저수지 설치 시기별 현황

설치시기	1945년 이전	1945~66년	1967~71	1972년 이후	계
개소수	9,589	3,747	2,438	2,046	17,820
%	54	21	14	11	100

▶ 자료: 농업생산기반조성사업통계연보(농림부)

3.10 세계에서 가장 큰 댐

댐의 크기는 높이(Height), 저수용량(Reservoir Capacity), 체적(Volume) 등 여러 가지 분류의 기준이 있다.

높이로 보면 타지키스탄의 바흐슈강에 세계에서 가장 높은 댐 1, 2위 가 모두 있다. 높이 335m의 로건(Rogun)댐은 우리나라 소양강댐의 3배 로 세계에서 가장 높은 댐이고 뉴렉(Nurek)댐이 300m로 세계에서 두 번 째로 높다. 세계에서 높이가 큰 댐을 순서대로 나열하면 다음과 같다.

〈표 3-5〉 세계의 댐, 높이 순서(베스트 10)

순위	높이(m)	댐 명	국 명
1	335	ROGUN	타지키스탄, 아시아
2	300	NUREK	타지키스탄, 아시아
3	292	XIAOWAN	중국, 아시아
4	285	GRANDE DIXENCE	스위스, 유럽
5	272	INGURI	그루지야, 아시아
6	262	VAJONT	이탈리아, 유럽
7	261	MANUEL M. TORRES	멕시코, 북아메리카
8	261	TEHRI	인도, 아시아
9	260	ALVARO OBREGON	멕시코, 북아메리카
10	250	MAUVOISIN	스위스, 유럽

저수용량 기준으로 보면 아프리카 잠비아의 카리바(Kariba)댐이 1,806억 m³ 로 세계에서 가장 크고 우리나라 소양강댐의 약 62배에 달한다. 세계에서 저수용량이 큰 댐을 순서로 보면 다음과 같다.

〈표 3-6〉 세계의 댐, 총 저수용량 순서(베스트 10)

(단위: 백만m³)

순위	총 저수용량	댐명	국명	형식
1	180,600	Kariba	짐바브웨, 잠비아	아치
2	169,000	Bratsk	러시아	중력식 콘크리트
3	162,000	Aswant High	이집트	록필
4	150,000	Akosombo	가나	록필
5	141,851	Daniel Johnson	캐나다	멀티플 아치
6	135,000	Guri	베네주엘라	중력식 콘크리트/록필/어스
7	126,210	Longtar	중국	중력식 콘크리트
8	74,300	Bennet W.A.C	캐나다	어스
9	73,300	Krasnoyarsk	러시아	중력식 콘크리트
10	68,400	Zeya	러시아	버트레스

▶ 자료: World Registered of Dams(ICOLD, 2003)

제4장 물 부족

4.1 2060년 물 부족 현상 심각

2009년 3월, 강원도 남부지역 주민들은 가뭄으로 신음했다. 태백시, 삼척시, 영월군, 정선군에서는 주민들이 수돗물과 전쟁을 치러야 했다. 이런 물 부족 현상은 가뭄 때마다 겪는 진풍경으로 기름보다 물이 귀했다.

우리나라 연평균 강수량은 1,245mm로 세계 평균 강수량 800mm보다 1.5배 많다. 하지만 높은 인구밀도로 국민 1인당 이용 가능 강수량은 세계 평균의 8분의 1수준이다. 더욱이 연평균 강수량 중 3분의 2가 여름철에 집중되고 하천들이 급경사를 이루는 탓에 대부분의 빗물이 일시에 바다로 유출된다. 내륙과 해안 지역 간 강수량 편차가 1.7배에 달해 지역적인 물 부족 가능성도 큰 편이다.

우리나라에서 댐 건설이 본격화된 것은 1966년 특정다목적댐법이 제정되고 1967년 한국수자원공사가 창립되면서부터다. 1965년 섬진강댐을 시작으로 2006년 완공된 장흥댐까지 대규모 다목적댐이 잇따라 세워졌다. 댐 공화국이란 오염에도 불구하고 최근 물 부족 문제가 불거지면서 댐 건설에 대한 논의가 다시 수면 위로 떠오르고 있다. 한쪽에서는 댐 건설로 천재(天災)인 물 부족 사태에 적극 대처해야 한다고 주장하는 반면 다른 한쪽에서는 지금의 물 부족 사태가 앞을 내다보지 못한 서툰 물 관리로 인한 인재(人災)라고 주장하고 있다.

문제는 기후변화이다. 50년 후인 2060년부터 우리나라는 매년 소양감댐 저수량(29억 톤)보다 많은 최대 약 33억 톤의 물 부족 현상이 발생할 것이란 분석이 나왔다.

국토해양부의 기후변화소위원회가 내놓은 '기후변화 대응 미래 수자원전략안' 보고서에 따르면 연평균 강수량 증가에도 불구하고 기온 상승에 따른 증발량 상승으로 2060년 기준 하천 유량은 낙동강 2.4%, 금강 13.3%, 영산강 10.8% 감소해 연간 33억 톤의 물이 모자랄 것으로 전망했다. 우리나라의 연간 물소비량 337억 톤의 10%에 해당하는 양이다.

또 2100년에는 강수량의 편차가 심해져 하루 100mm 이상의 집중호우가 쏟아지는 횟수가 과거보다 2.7배 늘어날 것으로 예상했다. 반면 비가 적게 오는 해도 많아져 가뭄 발생 횟수가 3.4배 늘어나고 하천 유량도 지금보다 57% 줄어 물 부족 현상은 갈수록 악화될 것으로 예측됐다.

4.2 유역별 용수공급

한국수자원공사가 분석하고 있는 2001~2020년 권역별 장래 용수 공급량을 보면 4개의 권역 모두 2016년 이전까지는 용수공급량이 계속 증가할 예상되지만 2020년 이후부터는 용수공급량이 미비하게 증가하거나 오히려 감소할 것으로 예상된다. <표 4-1>은 한국수자원공사가 권역별 장래 용수공급량을 전망한 것이다.

〈표 4-1〉 권역별 장래 용수공급 전망

(단위: 백만m³)

권역	구 분	2001	2006	2011	2016	2020
한강	-하천수	6,159	6,489	6,590	6,577	6,490
	-지하수	808	849	891	936	983
	-댐공급량	5,117	5,117	5,117	5,117	5,117
	○용수공급량	12,084	12,455	12,598	12,630	12,590
낙동강	-하천수	4,675	4,809	4,904	4,847	4,796
	-지하수	961	1,009	1,060	1,113	1,169
	-댐공급량	4,102	4,168	4,168	4,168	4,168
	○용수공급량	9,738	9,986	10,132	10,128	10,133
금강	-하천수	2,436	2,347	2,587	2,547	2,542
	-지하수	690	725	761	799	839
	-댐공급량	3,469	3,709	3,709	3,709	3,709
	○용수공급량	6,595	6,781	7,057	7,055	7,090
영산강 · 섬진강	-하천수	2,608	2,466	2,401	2,343	2,292
	-지하수	693	727	764	802	842
	-댐공급량	2,083	2,211	2,211	2,211	2,211
	○용수공급량	5,384	5,404	5,375	5,356	5,345

▶ 자료: 수자원장기종합계획(한국수자원공사)

4.3 유역별 물 부족 분석

2011년부터 경기북서부권, 수도권, 서해안지역, 경남북의 동해안, 경남 남해안 지역의 용수부족이 가장 클 것으로 전망된다. 또 낙동강 권역의 경남북, 영산강 및 섬진강권역의 전북 남부권과 동부권, 전남 남동부권, 금강 권역의 대전권, 충남과 충북의 중부권 등에서 해가 갈수록 용수부족 발생이 예상된다.

전국 용수부족 지역의 지역별 부족율을 보면 용수수급 전망에서 경기 북서부권, 삽교 서해안, 충북 남부권, 경북 중서부권, 낙동강 동해안, 경남·북 동부권, 동진강 및 영산강 서해안, 전북 남부권의 용수 부족율은 −20~−40%로 전망되고 충북 북부권, 경남 북부권, 경남 남동부권, 낙동강 남해안의 용수 부족율은 −10~−20%로 예상된다.

<표 4-2> 4개 권역별 장래 용수 부족량 전망

(단위: 백만m³)

구 분 \ 연 도	2001	2006	2011	2016	2020
한강	Δ 12	Δ 22	Δ 769	Δ 966	Δ 1,191
낙동강	Δ 65	Δ 129	Δ 748	Δ 889	Δ 1,000
금강	+146	+121	Δ 104	Δ 172	Δ 186
영산강·섬진강	Δ 9	Δ 72	Δ 215	Δ 241	Δ 256
합계	+60	Δ 82	Δ 1836	Δ 2268	Δ 2633

▶ 자료: 수자원장기종합계획(한국수자원공사)

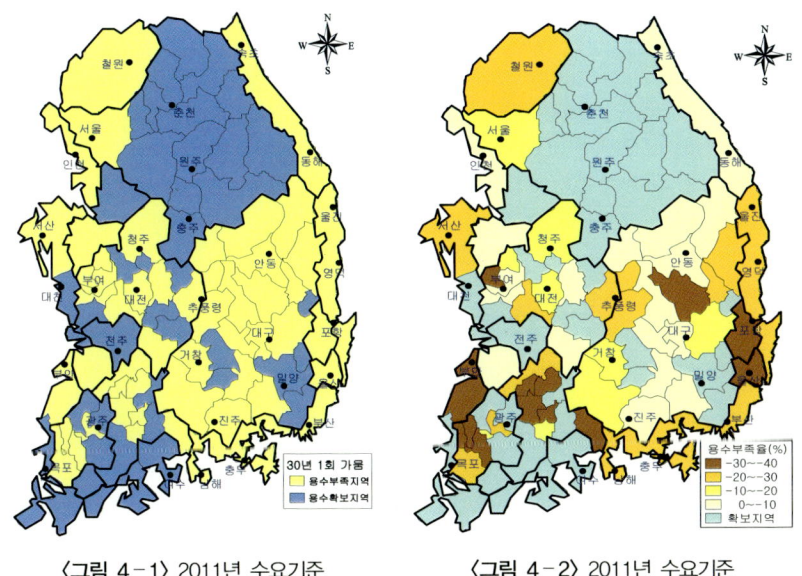

<그림 4-1> 2011년 수요기준
용수부족 지역 분포

<그림 4-2> 2011년 수요기준
부족률 분포

4.4 건설 중인 댐 현황

2010년 현재 건설 중인 댐은 한탄강 홍수조절댐을 포함해 7개 댐이
완공되면 총 저수용량은 약 6.8억m³ 규모이며 발전시설용량 약 6천
kw, 홍수조절 능력은 약 4.4억m³을 갖출 예정이다. 이 댐들의 연간 용
수공급능력은 약 3.1억m³인데 이는 현재 짓고 있는 댐 중 홍수조절용
댐의 비중이 높기 때문이다. 특히 임진강 유역에는 홍수조절용댐 2개
중 군남 홍수조절지는 2010년 6월 본댐을 조기 완공했으며 한탄강 홍
수조절댐이 준공되면 경기 북부 지역의 홍수 피해 경감에 많은 역할
을 할 것으로 기대되고 있다.

〈표 4-3〉 건설 중인 댐

수계명	댐 명	유역면적 (km²)	제원 높이 (m)	제원 길이 (m)	총저수량 (백만m³)	유효 저수용량 (백만m³)	발전시설 용량 (천kW)	사업효과 홍수조절 (백만m³)	사업효과 용수공급 (백만m³/년)	공사기간
계		6,243.45			675.64	356.39	6.37	438.69	313.37	
낙동강	군위댐	87.5	45.0	390	48.7	40.1	0.5	3.1	38.3	02년-11년
	영주댐	500	55.5	390	181.1	160.4	5.0	75	203.3	09년-12년
	보현댐	62.61	57	245	22.04	17.89	0.17	3.49	14.87	10년-12년
	성덕댐	41.34	58.5	274	27.9	24.8	0.2	4.2	20.6	02년~10년
	부항댐	82.0	64.0	472	54.3	42.6	0.5	12.3	36.3	02년~11년
임진강	군남조절	4,191	26.0	657.8	71.6	70.6	—	70.6	—	03년~10년
	한탄강 홍수	1,279	83.8	694	270	—	—	270	—	06년~12년

▶ 자료: 한국수자원공사(2010)

제5장 댐과 홍수 조절

　다목적댐은 홍수기에 홍수조절을 통해 재해를 막고 가뭄 때는 물을 안정적으로 방류해 생활용수와 공업용수, 농업용수, 하천유지용수로 공급하며 부수적으로 수력전기를 생산한다.

　이처럼 다목적댐은 주요한 사회간접자본시설임에도 불구하고 최근에는 댐 적지의 감소, 환경에 대한 관심 증가, 수몰지역 발생과 재산권 침해 등으로 인한 민원 때문에 댐 건설을 둘러싼 사회적 여건이 악화되고 있다.

5.1 홍수 조절 기능

　홍수조절기능을 가진 댐들은 대부분이 수자원공사에서 관리하는 다목적댐들이다. 그 중 예외가 북한강 상류의 화천댐으로 주요기능은 발전용 댐으로서 북한강 수계의 한국수력원자력 소속의 댐 중 홍수조절기능이 제일 높고 의암댐의 경우 조절 기능이 약 2%인 16만 톤

정도로 나타났다. 의암댐의 홍수조절 능력이 적은 것은 발전량 확보를 위해 연중 만수위에 가까운 수량을 확보하고 있기 때문이다. 의암호와 같은 성격의 팔당호는 북한강과 남한강의 합수지역으로 실제 홍수조절 능력은 전무한 상태이다.

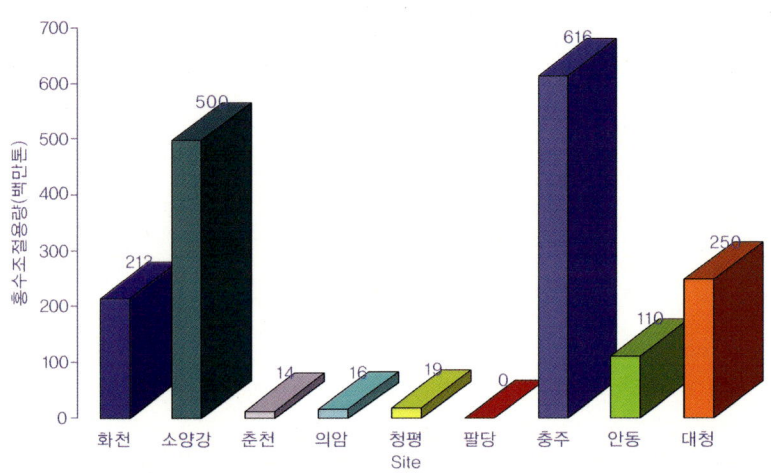

〈그림 5-1〉 주요하천의 다목적댐과 한국수력원자력 소속 댐의 홍수조절 용량 비교

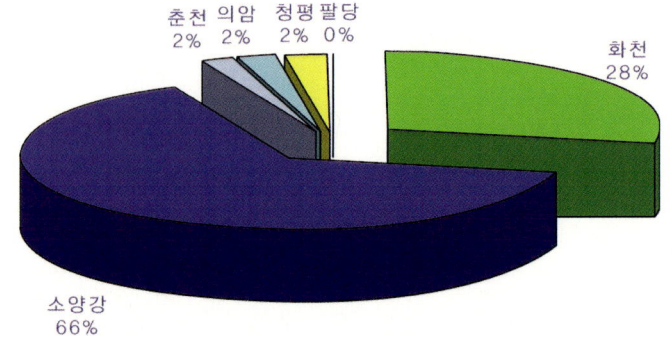

〈그림 5-2〉 북한강 수계 댐의 홍수조절 용량비

의암호의 연간 체류시간은 4일로 소양호 274일, 팔당호 본류 5.4일로 한강 수계 댐 중 제일 짧다.

5.2 유역별 홍수조절 용량

낙동강 유역은 한강이나 금강유역과 비교할 때 연평균유출량에 비해 홍수조절용량이 상대적으로 낮아 현행 댐에 의한 효과적인 홍수 방어에 어려움을 안고 있어 기존댐의 효율적인 연계운영 등 효율적인 대책이 시급하다.

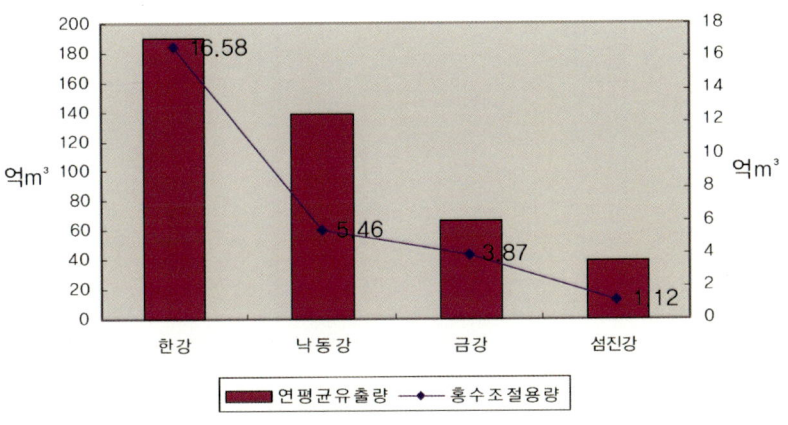

〈그림 5-3〉 유역별 홍수조절 용량

5.3 댐의 홍수조절 용량

수계별 주요 댐의 홍수조절용량은 다음과 같다.

〈표 5-1〉 댐의 홍수조절 용량

수계	댐명	유역면적 (km²)	총 저수량 (백만m³)	홍수위 (m)	상시만수위 (m)	제한수위 (m)	홍수조절용량 (백만m³)	설계방류량 (m³/s)
계			14,259				2,729.6	-
한강			7,415				1,657.5	-
	소양강	2,703	2,900	198.0	193.5	185.5	770	5,500
	화천	3,901	1,018	183.0	181.0	175.0	213	5,428
	춘천	4,736	150	107.0	103.0	102.0	14	12,600
	의암	7,709	80	73.36	71.5	70.5	16	16,000
	청평	9,921	186	52.0	51.0	50.0	19	20,736
	충주	6,648	2,750	145.0	141.0	138.0	616	16,200
	팔당	23,800	244	27.0	25.5	24.0	-	26,000
	횡성	209	87	180.0	180.0	178.2	9.5	2,072
낙동강			3,016				545.8	
	안동	1,584	1,248	161.7	160.0	-	10	4,500
	임하	1,361	595	164.7	163.0	161.7	80	2,500
	남강	2,285	309	46.0	41.0	35.5	269.8	4,050
	합천	925	790	179.0	176.0	-	80	6,200
	밀양	95	74	210.2	207.2	-	6	781
금강			2,305				387	
	대청	3,204	1,490	80.0	76.5	-	250	6,000
	용담	930	815	265.5	263.5	261.5	137	3,211
섬진강			1,173				112	-
	섬진강	763	466	197.7	196.5	-	32	1,868
	주암(본)	1,010	457	110.5	108.5	-	60	4,154
	주암(조)	135	250	111.1	108.5	-	20	685
직소천	부안	59	42	43.8	41.2	41.2	9.3	664
웅천천	보령	164	117	75.5	74.0	-	10	1,154
탐진강	장흥	193	191	82.8	82.0	-	8	-

▶ 자료: 국토해양부

5.4 홍수와 연도별 재해 추세

1916~2007년까지 우리나라의 물 관련 재해에 따른 인명 및 재산피해액 변화 추이를 보면 1980년대 후반부터 재산피해액이 급증하고 연간 변동폭이 크다는 것을 알 수 있다.

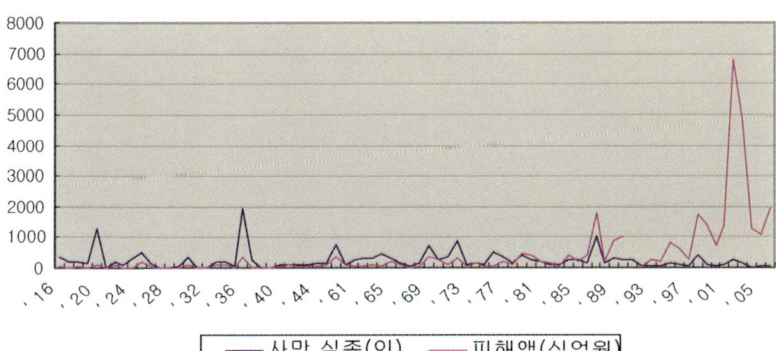

※ 1. 피해액은 2007년 가격기준임 2. 1945~1957년(13개년)은 자료미비

〈그림 5-4〉 국내 연도별 물 관련 재해추세

5.5 최근 10년간 물 관련 자연재해 피해

1990년 이후 거의 매년 우리나라를 거쳐 가는 태풍과 폭우로 전국적으로 피해를 입어왔으며 특히 1998년 이후의 인명과 재산피해는 천문학적인 규모로 커지고 있고 빈도 역시 늘어나고 있는 추세이다.

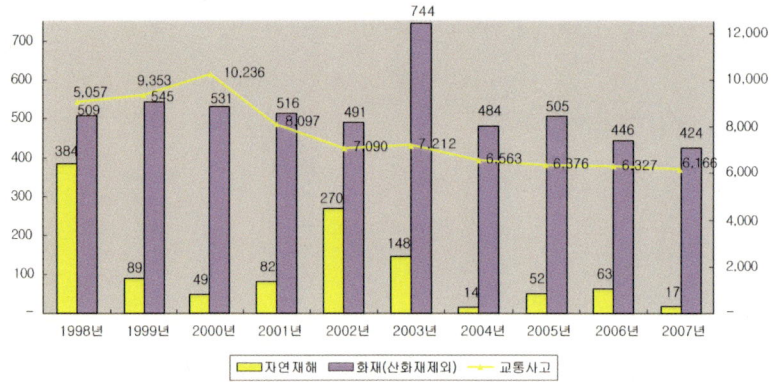

▶ 자료: 재해연보 2007(소방방재청 중앙재난안전대책본부, 2008)

〈그림 5-5〉 최근 10년간 물 관련 자연재해, 화재, 교통사고의 인명피해[4] 비교

1925년 이후 우리나라의 대규모 홍수피해 추세를 보면 인명피해는 줄어드는 반면 기상이변과 도시화, 하천주변의 토지이용의 고도화로 재산피해는 크게 증가하고 있다.

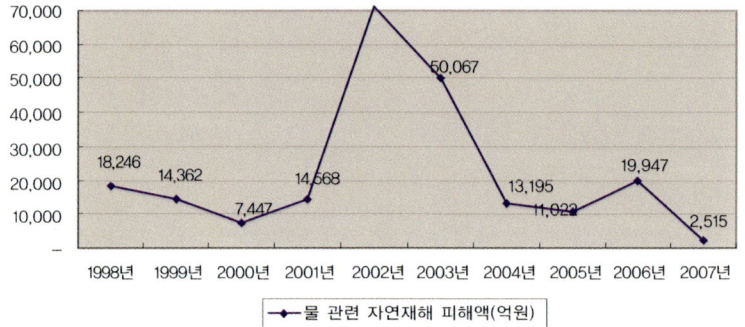

▶ 자료: 재해연보 2007(소방방재청 중앙재난안전대책본부, 2008)

〈그림 5-6〉 최근 10년간 원인별 자연재해 피해액[5] 현황(1998~2007년)

---

4) 인명피해는 사망과 실종의 합.

5.6 수계별 자연재해 추세

지난 10년간(1998년~2007년) 우리나라의 하천별 피해규모 중 사망·이재민 등의 인명피해는 한강유역(사망 388명)이 가장 많았으나, 재산피해는 낙동강 유역이 52,439억 원으로 전체 피해액의 24%로 가장 높은 비율을 나타냈다.

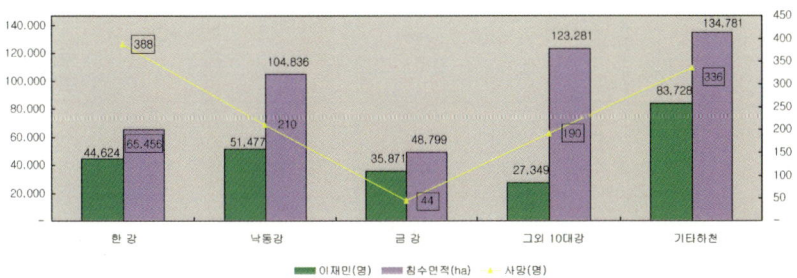

구 분	한강	낙동강	금강	그 외 10대강	기타하천	합 계
사망(명)	388	210	44	190	336	1,168
이재민(명)	44,624	51,477	35,871	27,349	83,728	243,049
침수면적(ha)	65,456	104,836	48,799	123,281	134,781	477,153

〈그림 5-7〉 최근 10년간 수계별 인명피해 및 침수면적(1998년~2007년)

---

5) 피해액은 2007년도 환산 가격기준

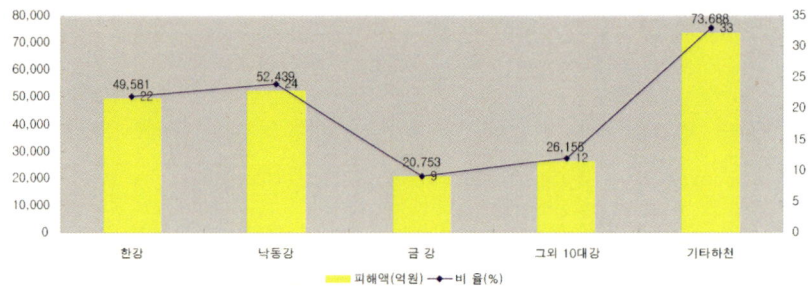

구분	한강	낙동강	금강	그 외10대강	기타하천	합 계
피해액(억원)	49,581	52,439	20,753	26,155	73,688	222,616
비율(%)	22	24	9	12	33	100

▶ 자료: 재해연보 2007(소방방재청, 중앙재난안전대책본부, 2008)

〈그림 5‒8〉 최근 10년간 수계별 재산 피해액1)(1998년~2007년)

5.7 댐의 홍수조절 방식

　홍수조절을 위한 댐은 수문조작을 효과적으로 운영하면 홍수 피해를 최소화할 수 있지만 조작이 잘못되는 경우 엄청난 피해가 가중된다.
　일반적으로 댐과 저수지의 홍수조절방식은 다음과 같은 유형으로 구분하게 된다.

5.7.1 자연조절방식

　수문이 없는 댐이나 수문이 있어도 홍수 예방을 위해 탄력적으로 조작하지 않고 수문을 모두 열어 자연 방류시켜 홍수를 조절하는 방식으로 소규모의 저수지나 댐에 사용되는 방식이다.

5.7.2 일정량 조절방식

처음에는 유입량을 모두 방류시키다가 방류량이 어느 크기에 도달한 후에는 유입량에 관계없이 방류량을 일정하게 유지하는 방식이다. 이 방법은 대규모 홍수에 대해서는 효과적이지만 첨두유량의 발생시간과 크기를 정확하게 예측하기 어려워 조작상의 문제가 있다.

5.7.3 일정률 조절방식

유입량에 대한 유출량의 비가 일정하도록 하는 방법으로 대규모 홍수에 대한 조절효율은 일정량 조정방식보다 적지만 중소규모의 홍수에 대한 조절효율은 크다.

5.7.4 일정률 일정량 조절방식

일정량 조절방식과 일정률 조절방식을 혼합한 기법으로 유입량이 최대가 될 때까지 일정률 조절방식에 따라 방류하고 그 이후에는 일정량 조절방식에 따른다. 이러한 방식을 Rigid ROM(Reservoir Operation Method)이라 한다.

Auto ROM(Auto Reservoir Operation Method)은 저수지가 상시만수위 이하이면 유입홍수량을 최대로 저류하다가 상시만수위를 초과하면 전량 방류하는 방식으로 댐의 안전과 용수의 확보를 동시에 고려하는 방법이며 홍수에 대한 예측이 필요가 없는 간편성을 가지고 있다.

5.7.5 여수로 운영곡선법

설계 때 200년 빈도의 홍수를 100년 빈도로, 500년 빈도의 홍수를 200년 빈도 홍수의 첨두유량으로 감소시키기 위해 저수위를 계획홍수위 이하로 조절하면서 방류하는 방법으로 해당홍수에 대한 예측이 필요 없다.

5.7.6 LDR(Linear Decision Rule)

설계빈도의 홍수수문곡선에 대해 한계방류량에 대한 제약조건을 만족시키면 홍수조절이 가능하다고 전제하고 저류량과 방류량을 추정해 방류량을 결정하는 방법이다.

5.8 위기 넘긴 오봉댐

한국농어촌공사가 관리하고 있는 강릉시 오봉댐은 2002년 태풍 루사 때 하루 870mm 기록적인 폭우로 붕괴 위기를 넘긴 댐이다. 당시 오봉댐은 만수위 20cm 남겨놓고 있었다. 댐이 범람 직전 기적처럼 비가 그치면서 간신히 붕괴의 위기는 넘겼다. 농촌공사에서 관리하는 중소형 저수지들은 홍수조절방식에 심각한 문제를 안고 있음이 드러났다.

농촌공사는 곧바로 오봉댐 보강공사를 결정했다. 월류를 방지하기 위한 것이었다. 보강공사는 기존 댐체 위에 3m의 둑을 더 쌓고 또 그 위에 패러핏이라는 2m 콘크리트 구조물을 설치하는 것으로 결정되었다. 그러나 관동대 박창근 교수는 패러핏과 댐체가 일체가 되지 않아 누수가 발생할 수 있어 댐의 붕괴 위험성이 있다고 지적했다. 또 패러핏공법은 우리나라뿐만 아니라 외국에서도 아직 검증되지 않은 공법으로 신중을 기해야 한다고 밝혔다.

5.9 댐의 홍수방지 효과에 대한 의문

국내 20개 다목적 댐의 홍수 조절량은 홍수 때 유출량 493억 톤 중 5%인 24억 톤에 불과한데다 댐과 제방을 맹신해 제방건설이 활발했던 80년대 이후 오히려 피해액이 60~70년대 보다 크게 늘고 이재민은 유사하거나 높은 수준을 보이고 있다.

5.9.1 남강댐

경남 진주시 판문동과 내동면 삼계리 사이의 남강에 구축된 다목적댐으로 1970년에 완공됐으며 길이 977m, 높이 21m, 총저수량 1억 800만 톤이다.

〈그림 5-9〉 남강댐 전경

　남강댐은 2002년 폭우 때 많은 피해를 일으켰다. 남강댐에서 엄청
난 양의 물을 한꺼번에 방류하자 낙동강 물이 불어나면서 남강댐 하
류 함안군 법수면 일대의 강둑이 폭우로 불어난 물을 견디지 못해 강
둑이 무너져 농토는 물론 마을까지 휩쓸고 갔다.

　또 태풍 루사 때는 남강댐에 많은 물이 불어났으나 하류의 침수피
해를 우려해 방류하지 못해 급기야 범람위기에 처했다. 물이 댐 위로
넘치자 산청군 생초면이 댐에서 역류한 물로 침수됐다.

　집중호우 때 남강댐은 낙동강의 범람을 막기 위해 사천만 바다 쪽
으로 댐 물을 방류를 한다. 엄청난 양의 민물이 한꺼번에 유입되는
사천 앞바다의 생태계는 완전히 파괴된 상태이다. 필자가 2008년부터
2년 동안 사천만의 해양수중조사를 실시한 결과 바다에 민물이 유입
되면서 미역 등 해초가 녹아내리고 있고 퇴적물에는 죽은 조개껍데
기가 즐비했고 이 지역 특산물인 전어 어획량도 급감하고 있다. 남강

댐 방류의 직접적인 피해는 고스란히 어민들의 몫으로 돌아가고 있다

홍수조절기능을 말해주는 유역면적당 조수용량 비율을 보면 소양 강댐이 1.07인데 비해 충주댐은 0.41, 남강댐은 0.14에 불과하다.

5.9.2 섬진강댐

한국수자원공사가 홍수조절용 섬진강 다목적댐 관리를 잘못해 하류의 침수피해를 키웠다는 지적이 제기됐다.

2010년 8월 16일~17일 양일 섬진강 상류인 전라북도 지역에는 하루 357mm 국지성 호우가 내렸다.

특히 섬진강 하류지역인 남원시에는 이날 시간당 100mm가 넘는 집중호우가 내려 수문을 닫아야 했지만 초당 최대 750톤을 방류하는 바람에 전남 곡성이 섬진강 범람으로 주택 22동이 침수되고 농경지 198ha가 수몰되는 등 주민들이 불안에 떠는 상황이 발생했다.

또 교량 1개소가 파손되는 등 50억 원 정도의 피해가 발생한 것으로 집계됐다. 피해가 커진 것에 대해 인근 주민들은 국지성 집중호우가 내리는데 댐의 물을 방류했기 때문이라고 주장했다.

그러나 한국수자원공사 섬진강댐 관리단은 집중호우로 섬진강댐에 2억 5,000만 톤의 물이 유입됐으나 2억 2,000만 천 톤을 저장했고 방류는 3,000만 톤으로 곡성지역 침수에는 직접적인 영향을 주지 않았다고 밝혔다.

전남 곡성군청은 집중호우로 수문을 닫아야 댐에서 물을 방류해 강 하류의 침수피해가 가중됐다며 주먹구구식 댐 관리 시스템의 조속한 개선이 시급하다고 지적했다.

1965년에 준공된 섬진강댐은 계획홍수위(196.5M)의 97.4%인 192.7M 에서만 여수로를 개방하도록 되어 있는 문제점이 있어 한국수자원공사가 사전방류를 위해 2013년까지 비상여수로를 준공하기로 했다.

5.9.3 충주댐

충주댐의 유역면적은 소양강댐의 3배에 이르고 집중호우에 매우 취약하지만 치수능력증대사업의 우선순위에서 밀려 있다.

집중호우가 내리던 2006년 7월 14일 오후 4시부터 충주댐은 6개 수문을 모두 열었지만 계속된 비로 15일 08시 최고 수위 144.01m를 기록했다. 수문개방은 23일 20시까지 계속됐으며 이 기간 동안 방류량은 27억 5천만 톤으로 충주댐 저수량과 동일했다. 당시 하류지역인 여주는 범람위기를 겪어 저지대 주민들이 긴급 대피했고 방류가 하루만 더 계속됐다면 피해는 상상을 초월했을 것이다.

이에 앞서 충주댐 하류인 여주지역은 1972년 최악의 침수피해를 겪은 것을 비롯해 1990년과 2002년 태풍 루사 때도 범람위기에 시달렸다.

충주댐에 여수로를 만들어 집중호우 때 한강 수계로 물을 내보낸다면 하류지역은 엄청난 침수피해를 겪을 수밖에 없다. 또 유사시 경안천으로 홍수로를 설치해 물길을 돌리는 비상수단을 제시하지만 이역시 광주, 용인 등이 물바다가 된다.

5.9.4 하천 정비 부실

1980년대 이후 건설된 낙동강 하구둑, 합천, 주암, 임하, 부안, 남강 등의 다목적댐과 양수발전소, 대단위 관계사업 등은 댐을 짓기 전 모두 환경영향평가를 수행했지만 홍수조절을 하지 못했던 이유는 댐을 건설하면서 하천 주변을 무분별하게 개발했고 하천의 설계홍수량과 댐의 설계홍수량이 맞지 않기 때문으로 분석된다.

5.9.5 댐의 퇴적물 피해

댐이 건설되면 경작지에 흡수되던 퇴적물은 강바닥에 쌓이고 그로 인해 방바닥이 높아진다. 이런 곳이 김해시 한림면이다. 강바닥이 높아져 장마에 열흘 넘게 침수피해를 입은 곳인데 조사결과 낙동강 하구둑으로 인해 강바닥이 3m 이상 높아진 것으로 나타났다.

홍수조절을 했던 낙동강 배후습지가 산업화로 대부분 공단이나 도로, 농경지 등으로 개발하는 바람에 좁아진 강폭을 보완하기 위해 제방을 높게 쌓으면서 가파르게 변했기 때문이다. 이렇게 보면 낙동강의 홍수피해 원인은 하구둑과 댐 관리 문제로 일어난 것이다. 그런데도 이런 피해대책으로 항상 댐을 건설하고 강둑을 높여야 한다고 주장한다.

5.10 홍수피해 문제점

수해피해가 커지고 있는 근본적인 원인은 댐이 부족해서라기보다 무분별한 국토개발계획이다. 산림파괴로 인한 자연적인 홍수조절능력의 상실과 배수시설을 고려하지 않는 국토개발이 가장 큰 문제이다. 댐이 홍수를 조절하는 것은 분명한 사실이다. 그러나 강원 영서지방의 수해가 댐이 부족해서라고 보는 전문가는 많지 않다.

산이 고랭지 채소밭이나 목초지, 스키장 등으로 바뀌어 하천으로 흘러들기 전의 수량이 크게 늘어나고 있다. 나무 한 그루 한 그루가 잡아 둘 수 있는 많은 양의 물이 빠른 속도로 하천으로 흘러들기 때문이다. 이런 상태를 방치하고 신규 댐을 건설해 자연재해를 막아낼 방법이 없다.

빗물을 최대한 흡수할 수 있는 활엽수림을 심고 임야의 농경지나 관광개발을 최대한 억제해 유속을 늦춰야 한다.

우리나라 도시는 대부분 빗물이 투과되지 않는 아스팔트나 콘크리트로 뒤덮여 자연적인 배수가 되지 않는 경우가 대부분이다. 또 빗물이 유입되는 하수관의 배수용량이 부족해 시간당 20~30mm의 비가 한두 시간만 내려도 저지대는 상습적으로 침수되고 있는 실정이다.

하천의 직선화 역시 홍수 피해를 가중시킨다. 곡류하천의 경우 물이 굴곡을 따라 느리게 흘러내려가기 때문에 홍수피해가 심하지 않다. 그러나 직류하천의 경우 게릴라성 집중호우가 내리면 많은 물이 한꺼번에 빠른 속도로 흘러내리기 때문에 홍수피해가 매우 심하다.

5.11 의암댐의 기능과 용도

5.11.1 의암댐의 제원

의암댐은 춘천발전소 하류인 한강수계 북한강(강원도 춘천시 신동면)에 자리 잡고 있으며 신영강을 막아 댐을 건설했다.

유역면적은 7,709km², 만수면적은 15.0km², 계획 홍수위는 73.4EL.m, 상시 만수위 71.5EL.m, 홍수기 제한수위 70.5EL.m, 저수위 66.3EL.m, 방수위 55.2EL.m, 총 저수용량 8천만 톤, 유효저수용량은 5천 7백 5만 톤에 이른다. 댐의 높이 23.0m, 길이 273.0m의 콘크리트 중력식 댐이다. 발전시설용량 45,000kW의 댐 하류식 발전소는 우리나라 최초로 민간기업인 화일산업(주)가 일본의 상업차관을 도입해 1962년에 건설에 착수했으나 내자조달 문제로 한국전력공사가 1965년 사업을 인수해 총 사업비 5,869백만 원(내자 4,569백만 원, 외자 4,875천 달러)으로 1967년에 완공했다. 수차형식은 종축카프란식으로 수차 Casing을 철근 콘크리트 구조로 한 점이 특이사항이며 저수지 이용수심은 5.2m, 발전사용수량은 340m³/sec, 유효낙차는 15.9m이다.

의암댐 건설은 의암호를 만들어서 춘천을 호반의 도시로 만들었으며 위도, 중도, 하도의 3개 섬을 형성시켰다. 한때 존폐 논란이 있었으나 향후 30년간 존속시키기로 했다.

5.11.2 의암댐의 활용 방안

의암댐은 발전 전용댐으로서 저수용댐의 기능은 북한강 수계의 댐 중 가장 미약해 수자원 부족현상을 예방하기 위한 기능은 상실한 상태이다.

의암댐의 발전 능력은 전체 발전용량에 0.1%에 불과하고 우리나라 전력수급상 수력발전에 의한 전력 수급량은 2.1%로 앞으로 수력발전에 의한 전력수급의 기대는 점점 하락하고 있다. 또한 홍수조절 능력면에는 연중 만수위에 가까운 수량을 유지하는 의암댐은 홍수조절 기능은 상대적으로 열악한 것으로 나타났으며 수질악화가 초래되고 있다. 따라서 의암호의 수질 회복을 위해서는 연중 만수위를 유지하기보다는 계절에 따라 수량유지를 적절히 조절해야 수질이 개선될 수 있다.

의암호의 수질악화는 춘천댐, 소양댐, 수역의 지천, 공지천 및 하수 종말처리장으로부터 유입된 유기오염물질에 의한 영향에 의해 수질이 악화되고 있어 상류지역의 하수처리 및 환경농업이 절실히 요구되고 있다. 이와 함께 의암댐을 다목적댐으로 전환함으로써 춘천의 고질적인 홍수피해를 방지하고 수자원을 확보하는 동시에 수질을 개선하는 3마리 토끼를 한꺼번에 잡을 수 있는 효율적인 댐 관리의 개선책이 시급한 실정이다.

제6장 다목적댐 상·하류 하천개선 관리 방안

6.1 서 론

1970년대부터 시작된 산업화와 도시화로 시작된 홍수재해와 용수 부족은 보다 많은 저수시설을 요구하게 됐다. 즉 홍수유출을 저감시키기 위해 유역의 저류기능을 강화시킬 수 있는 댐 건설은 이수적인 측면에서 안정적인 용수공급을 보장해주는 수단으로 겸용돼 왔으며 특히 다목적댐이 건설되면서 하도의 첨두홍수유출량을 줄이는 데 크게 기여해 왔다.

그러나 하천의 첨두홍수유출량 감소는 댐 하류의 하천환경을 크게 변화시켜 유황변화, 토사유출량의 억제로 인한 하상변동, 하도식생역 확대 등 새로운 하천환경문제를 불러왔다. 댐하류 하도구간의 대부분에서 식생역이 크게 발달해 모래나 자갈을 거의 볼 수 없게 됐다.

따라서 하도에 자생한 식생 또는 수목원은 하도의 홍수소통능력을 감퇴시키고 흐름을 왜곡시켜 하천연안의 홍수방어능력을 저감시키는 원인으로 작용하고 있다.

2002년 8월에 발생한 집중호우 태풍 루사, 2003년 태풍 매미 등의 영향으로 댐 상·하류에서 대규모 홍수피해가 발생하자 피해주민들은 댐 운영자에게 책임을 전가하고 보상을 요구하는 등 민원이 잇따르고 있다. 특히 댐 하류 하천은 홍수소통능력이 크게 부족해 홍수 때마다 심각한 상황이 반복되고 있어 수문학적 안정성 확보를 위한 하천정비와 관리방안의 개선책이 시급한 실정이다.

6.2 댐 하류 하천관리 현황과 문제점

6.2.1 하상 골재채취

지방자치단체에서는 세수 증대를 위해 경쟁적으로 골재채취허가를 남발하고 있어 하상변동은 물론 하천구조물에까지 위협받고 있다.

6.2.2 제외지(하천부지) 이용실태

댐건설 이후 홍수유출량이 크게 감소하면서 하천부지 주변에는 각종 개발행위 허가가 남발되고 있다. 또 홍수조절 효과가 큰 고수부지에 경작 또는 공공시설(체육, 주차장, 휴식시설)들이 설치되는 등 하천관리에 어려움을 겪고 있다.

임하댐 하류의 조정지댐 직하류에는 약 50가구가 살고 있으며 비닐하우스 경작이 성행하고 있다. 또 임하댐과 내성천 합류점 하도구간의 경작 면적이 382,734㎡에 이르는 것으로 조사되고 있다.

6.3 하상변동 원인과 대책

하상변화(변동)의 원인은 자연적인 대홍수 발생과 인위적인 댐 건설, 하천개수, 골재채취, 준설 등으로 구분된다. 다목적댐이 건설되고 난 후에 발생하는 하상변동은 주로 댐건설에 따른 홍수조절 효과와 이로 인한 유속저하는 하상의 토사를 수송하는 데 직접적인 원인이 되어 왔으며 유속저하는 하상의 식생역이 발달하는 데 기여해 왔다.

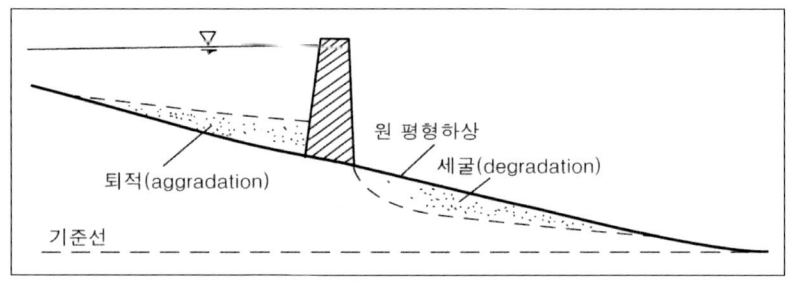

〈그림 6-1〉 댐 하류 하상변동 형태

6.4 댐 하류 하천관리 개선방안

2002년과 2003년의 태풍 루사와 매미로 인해 다목적댐 하류에서 발생한 홍수피해에 적극적으로 댐 건설 이후의 유량과 유사량 변화에 따른 하상변화, 하도식생역의 발달 원인, 홍수피해의 주요 원인을 찾아 홍수소통능력을 높이고 수해위험지구 지정 및 특별관리대책 등의 종합적인 대책마련이 시급하다.

6.5. 효율적인 하천관리 방안

6.5.1 하천관리 주체조정

미국 TVA와 같이 전문기관이 유역전체를 통합해 전문성을 바탕으로 한 유역관리 관리시스템을 도입해야 한다.

행정단위별 관리체계에서 상·하류 수계 일관 관리체계로 전환하고 국가하천 유지관리는 지자체에서 국가(또는 전문기관 대행)로 전환하는 방안을 적극 검토해야 한다.

현행 9.2%에 불과한 국가하천의 비율을 상향하고 동일 수계에 동일한 하천등급을 부여해야 한다.

〈표 6-1〉 일본과 우리나라의 국가하천 비율

구 분	일본	한국	비고
국가하천	60%	9.2%	연장기준

6.5.2 조직 설계

정부 차원의 홍수통제소를 폐지하고 유역·수문조사와 하천 관리, 저수지 운영, 하천정비 등은 전문기관에 위임해야 한다.

6.5.3 기능 배분

하천은 업무 특성에 따라 운영주체가 국가와 지자체, 전문기관 위임 등으로 구분되며 하천정비나 보수공사는 지자체가 담당하고 있다.

<표 6-2> 기관별 하천 관리 업무 현황

구 분	국가(국토해양부)	지자체	전문기관
■ 기초조사 －유역조사 －수문관측	－전문기관 위임	－전문기관 위임	－하천정보관리 위탁
■ 계획수립	－수자원장기계획 －유역치수계획	－관할하천 정비 기본계획	－
■ 하천공사 －하천 개수공사 －하천 보수공사	－전문기관 위임	－관할하천 정비사업	－국가하천 공사대행
■ 하천운영관리	－홍수통제 등의 의 사결정 기준 마련	－관할하천 보수공사	－홍수예·경보, 수통제 －다목적댐 운영 －국가하천 유지보수
■ 사용규제 －유수점용허가 －하천구역지정	－기준 설정 －하천수익 시징	－관할하천 규제	－유수점용허가 대행

※ 전력, 용수, 농업용 댐은 담당기관이 운영하고 홍수기 통제권은 전문기관에 위임

6.5.4 기대효과

하천관리를 전문기관이 수행함으로써 기초조사의 신뢰성과 동일 하천 내 계획·관리의 일관성 확보가 가능하고 투자효율이 증대된다. 하천관리체계 개선으로 종합적이고 일관적인 유역관리가 가능하다.

6.6 외국의 하천관리 현황

6.6.1 일본의 하천관리

하천관리를 국가업무로 규정하고 국가기관이 직접 하천관리업무 를 수행한다.

1급하천(연장기준 60%)은 국가(국토건설교통성)가 직접 관리하고 2급하천(연장기준 40%)은 공사재원의 1/2 범위 내에서 국고로 보조함으로써 열악한 지방재정에 부담을 덜어준다.

  동일한 수계내의 하천에 대해서는 동일한 하천등급을 부여하여 수계전체를 단일 관리청이 관리한다. 이는 체계적인 치수와 환경대책, 수계별 용수 수요관리측면에서 하천등급별 관리방식보다 효과적인 것으로 평가된다.

6.6.2 독일의 하천관리

  하천의 개발·이용보다는 하천의 보전에 중점을 두고 있다.

  중앙조직은 수질관리에 지방조직은 수자원개발·이용에 주력한다. 지역별로 공기업 또는 민관합동기업 형태의 수조합을 중심으로 이수·치수사업 실시하며 연중 일정한 하천유량을 유지하고 있다.

6.6.3 영국의 하천관리

  이수와 치수, 수질 등에 대한 전국단위 통제기능이 강하나 전국을 10개 지역으로 구분하여 지역적 특성을 최대한 반영한다.

  환경보전을 중심으로 한 하천관리 정책과 이수와 치수사업을 구분하여 각각 국가(전국하천공사)와 민간이 업무를 분담한다.

제7장 우리나라 홍수방재대책을 위한 제언

임진강 유역은 집중호우 때마다 대규모 홍수피해가 발생하고 있으며 상류에 있는 북한 댐에서 일시에 댐의 물을 방류할 때 엄청난 수해가 발생할 수 있다.

임진강 유역의 홍수방재대책을 국립방재연구원 심재현 박사의 연구보고서를 토대로 분석했다.

7.1 임진강 유역과 홍수

7.1.1 북한 댐의 방류량 급증

수해로 연간 2조 원에 가까운 피해가 발생하고 복구비용으로 3조원에 가까운 비용이 지출되고 있다. 자연재해를 천재로 보고 사전예방보다는 사후복구에 치중하는 행정의 처리방식이 재해를 키우고 있다.

현재 북한에서는 임진강 유역에는 중소규모의 댐인 '4월5일댐'과 황강댐이 있다. 4월5일댐 1~4호(1억 4,000만 톤)은 총 저수량이 4억 9,000만 톤에 달한다.

또 4월5일댐 상류에는 2002년에 착공, 2007년에 담수를 시작한 것으로 알려진 황강댐(3억 5,000만 톤)이 있는데 홍수방지와 발전, 용수공급 등을 위한 다목적댐이다.

북한은 2009년 9월 우리 정부에 사전 통보도 없이 황강댐을 무단 방류해 갑자기 불어난 물에 임진강 야영객과 낚시꾼 6명이 목숨을 잃는 참사가 발생했지만 재난당국은 우왕좌왕하기만 했다.

이에 앞서 1996년과 98년, 99년에도 임진강 유역에 대규모 홍수피해가 발생했으며 북한이 황강댐과 4월5일댐을 일시에 방류하면 엄청난 수해가 발생할 수 있다.

7.1.2 한탄강 및 임진강 하천 피해발생

1996, 1998, 1999년 홍수피해 이후 한탄강과 임진강 및 지류하천에 대한 제방정비가 많이 개선된 것으로 파악되지만 임진강 수위가 상승해 배수위가 걸린 상황에서 국가하천의 지류인 차탄천, 동문천, 설마천 등 여러 지방하천에서는 하천월류에 의한 홍수피해가 발생할 가능성이 있다. 특히 지방 2급 하천과 소하천에서의 배수위에 의한 제방월류, 제방유실에 의한 피해가 가장 발생할 위험이 크다. 1996년 차탄천 제방의 범람, 1999년 동문천 범람위기 등이 이를 입증하고 있다.

또 과거 피해가 발생하지 않은 하천의 경우 전국적으로도 하상퇴적, 용치에 의한 통수능 부족, 하천제방의 유실 위험성 등이 상존하고 있다.

7.1.3 상류 농업용 저수지의 범람

임진강 유역뿐만 아니라 전국 농업용 저수지들도 제대로 관리가 되지 않아 집중호우에 대한 대처능력이 부족하고 토석으로 쌓은 제방이 집중호우에 유실되거나 붕괴위험이 클 것으로 예상된다. 특히 지방자치단체에서 관리하고 있는 이수전용, 수문이 없는 자연월류형 저수지는 매우 위험하다. 1996년 연천 백학저수지가 범람할 위기에 처한 상황 등이 발생한 것은 적절한 사례이다.

7.1.4 도시지역 배수 불량에 의한 침수

임진강 및 한탄강 유역의 수위상승을 원활하게 배제시킬 수 있는 방법은 배수펌프장 운영이 유일하다. 따라서 폭우가 내릴 때 원활한 배수가 가능하도록 배수체계를 정비하는 것이 매우 중요하다. 또한 유역 최하구부 유수지로 원활하게 빗물이 유입될 수 있도록 기존 하수관거, 우수관거 등의 정비가 필요하다. 기존 5~30년 빈도의 배수체계로는 하수관의 역류 등으로 유수지 완전가동 이전에 이미 중·상류 도심지가 침수될 우려가 있기 때문이다.

특히 금촌읍, 문산읍 등의 침수사례에서도 알 수 있듯이 인구가 밀집한 시가지 침수는 매우 큰 재산피해를 발생시킬 수 있다.

7.2 임진강 유역의 홍수방재를 위한 단기대책

7.2.1 임진강 유역 홍수정보 네트워크 구축

집중호우와 태풍 등의 영향으로 인해 발생하는 강우에 의한 홍수량의 변화를 정확하게 실시간적으로 파악하고 이를 전파하는 네트워크를 조속히 구축할 필요가 있다. 이를 통해 국가하천뿐만 아닌 중소규모 지방하천에까지 확대된 실시간 홍수예·경보 체계를 구축하고 이를 통해 단순한 기상특보나 홍수위 정보가 아닌 주민들이 거주하는 지역에 대한 정확한 피해예측정보로 가공해 주민들에게 알려야 한다.

7.2.2 남북한의 홍수조절 협의체 구성

남북한이 참여하는 임진강 수해방지 실무대책반을 구성해 임진강 유역에 대한 공동수문조사 실시, 홍수예보 체계 구축 등이 구체적으로 이뤄져야 한다.

특히 유역의 70%에 가까운 상류 면적을 차지하고 있는 북한지역의 토지이용도, 설치된 댐 군의 정확한 제원, 홍수조절용량, 하천체계 조사 등을 파악해 이를 바탕으로 실시간 홍수정보가 공유되는 체계를 구축하여야 한다.

7.2.3 하천 홍수량 조절을 위한 대안 마련

하천 홍수량을 조절하기 위해 댐 건설에서부터 댐 운영의 효율성

제고방안, 유역분담방식의 홍수조절지 신설 등이 신중히 논의돼야 하고 종합적인 분석을 통해 경제성, 지속가능성 등의 관점에서 검토돼야 한다.

태풍 에위니아(2006)에 의한 집중호우 때 진주 남강댐의 홍수조절과 중부지역 집중호우 때 충주댐, 소양강댐의 홍수조절 효과 등은 적극적인 홍수조절능력을 단적으로 보여주는 사례로 평가되고 있다. 그러나 무조건적인 댐 건설 주장이나 반대가 아니라 지역주민이 원하는 방식, 경제성과 지속가능성의 차원에서 합의를 이루는 과정이 필요하다.

7.2.4 하천 통수능력 및 제방 관리체계 개선

현재 하천법상 10년마다 토지이용도의 변화, 하천의 변화 등을 고려해 하천정비기본계획을 수립하도록 하고 있으나 실제 자치단체에 관리가 위임되어 있는 지방하천의 경우 이를 준수하는 경우가 매우 드문 것이 사실이다. 따라서 지방자치단체가 하천을 정비할 있도록 국고지원의 예산체계를 개선할 필요가 있다.

이와 함께 하상준설, 연약 제체의 보수 등 기존 하천통수능력을 보강하고 제방을 보강하는 예산을 확충할 수 있는 지원체계가 시급하다.

실제 지방자치단체의 경우 위험한 개소나 시설에 대해 사전예방을 위해 100%의 예산을 투입하기보다는 수해 이후 25%의 비용으로 개선할 수 있는 복구사업을 선호할 수밖에 없는 예산체계는 조속히 개선되어야 한다.

7.2.5 배수체계의 개선

집중호우에 대응할 수 있는 배수체계는 하수와 우수관거, 배수펌프장이 유일하다. 그러나 도시지역의 하수관거는 5～10년 빈도의 강우에 대응하도록 설계되었고 신설 하수관거 역시 20~30년 빈도에 대응하도록 되어 있어 100년 빈도 이상의 호우에 대해 역류, 침수가 발생할 수밖에 없다. 따라서 신설 개발계획이 시행될 때 개발에 의해 가중되는 홍수량을 전량 처리할 수 있는 유역분담방식의 저류, 침투시설 설치 의무화와 동시에 상습침수지역에 대한 홍수위험도의 공표, 실시간 대피체계 구성 등이 필요하다.

7.3. 일본 사례를 통해 본 중장기 홍수방재대책

2004년 10차례의 집중호우와 2번의 집중호우로 큰 피해를 입은 일본정부는 2004년 11월 각 분야 전문가로 구성된 호우재해대책 종합정책위원회를 구성하고 12월 "호우재해대책을 위한 긴급실행계획"과 2005년 4월 "종합적인 호우재해대책의 추진"과 같은 향후 개선대책을 수립했는데 우리에게 시사하는 바가 크다.

〈표 7-1〉 일본의 호우재해대책과 실행계획

실시하고자 하는 시책	기간 및 수치목표
1. 보내는 정보에서 받는 정보로의 전환을 통한 재해정보제공	
(1) 중소하천 등에 대한 홍수예측 등의 고정밀화	
① 국지적 강우예측자료를 활용한 중소하천의 단시간 홍수예측정보 제공	2004년 내 가이드라인을 작성, 2005년 이후 5년간 1급수계의 주요 중소하천 900개소에 대해 시스템을 정비하고, 주요한 2급 수계 약 1,000개소에 대해 순차적으로 정비토록 추진
② 해안지형 등을 고려한 고조예측정보 제공	2005년에 예측모형을 구축하고 2006년부터 동경만 등 4개소에서 시행
③ 국지적 강우예측자료를 활용한 기존보다 빠른 토사재해경계정보 제공	2004년에 시정촌에 제공하고, 2005년 이후 3년 동안 시정촌, 언론기관 등 전국에서 실시
④ 중소하천에서의 수위계 T/M을 정비하여 정보공백지역 해소	2005년 이후 5년 동안 약 500개 지점에 대한 T/M을 정비하고 향후 인구와 자산을 포함한 전체 하천에 대해 실시간으로 수위정보를 파악할 수 있도록 개선
⑤ 해안지역에 대해 각 기관의 조위, 파고자료를 표준화, 공유화하여 신속한 정보 파악	2005년 이후 5년 동안 瀨戶內海, 東京灣, 伊勢灣, 大板灣, 有明海의 고조에 대해 각 기관의 조위 및 파고자료의 데이터 형식 표준화 및 공유화하는 시스템 정비
(2) 정보를 받는 사람의 판단과 행동에 필요한 하천정보 등의 제공	
① 범람지역에서의 침수상황에 대한 정보 제공	2004년 내 매뉴얼을 작성, 2005년 이후 3년 동안 1급 수계 일부구간에 대해 시행하고, 중소하천에서는 정보의 파악, 제공수단 등을 검토한 후 구체적으로 실시
② 대하천 제방파괴후 침수구역 및 침수심에 대한 예보 실시	홍수예보의 일부를 시행하고 차기 정기국회에서 水防法 개정을 검토
③ 주민으로부터 토사재해 전조정보를 수집, 행정에서 피난정보를 전달하는 양방향 시스템의 전국 실시	2005년 이후 3년 동안 과거 10년간 대규모 재해가 발생한 전국 약 400개 시정촌에 대해 실시
(3) 정보가 확실하게 전파될 수 있는 체계 마련	
① 침수예상구역내 주민에 대한 경계수위, 위험수위의 도달정보가 확실하게 전달하고 경계수위 이상의 수위정보 공표	차기 정기국회에서 水防法 개정을 검토
② 기초자치단체가 피난권고 등의 정보를 발령할 때 하천관리자가 가지고 있는 방류경보용 스피커, 전광표지판 등을 기초자치단체에 개방	2004년 중에 가이드라인을 작성, 적용기준 등을 정비한 후 2005년부터 개방하고 그 효과는 지방정비국 등에서 검토 시행

실시하고자 하는 시책	기간 및 수치목표
③ 하천관리자가 보유한 CCTV 등에 의한 화상정보를 지방자치단체 및 언론기관 등에 적극적으로 제공	2004년 중에 가이드라인을 작성하고, 2005년 이후 희망하는 자치단체와 언론기관 등과 조정을 거친 후 확대
2. 평상시부터 방재정보의 공유 철저	
(1) 침수예상지역 등의 지정확대	
① 홍수도달시간 및 과거 홍수실적과 강우량의 관계 등을 통해 어느 정도의 비에 어느 정도의 위험이 발생하는지를 하천인근 주민에게 주지시킴	2004년 중 매뉴얼을 작성하고 주요 중소하천 1,900개소에 대해 2005년 이후 3년 동안 실시
② 침수예상구역의 지정·공표를 의무화하 는 하천을 확대	2005년에 예측모형을 구축하고 2006년부터 동경만 등 4개소에서 시행,
③ 도도부현 지사가 수행하는 침수예상구역의 지정·공표에 필요한 조사경비 확보	2005년 예산에 이를 요구중이며, 이를 통해 2005년 이후 5년 동안 약 1,900개소의 하천에 대한 침수예상구역을 지정·공표
④ 토사재해경계구역의 지정을 시급히 전국으로 확대	2005년 이후 5년 동안 과거 연간 대규모 재해를 입은 개소와 재해약자시설을 포함한 약 6,000개소를 지정하고, 2005년에는 1,000개소를 긴급히 지정
(2) 홍수위험지도(hazard map)를 전국적으로 긴급 배포	
① 주요한 중소하천에 대한 홍수위험지도의 작성·공표 의무화	주요 중소하천에 대한 홍수위험지도의 작성을 의무화하고 차기 정기국회에서 수방법 개정을 검토
② 시정촌에서 수행하는 홍수위험지도의 작성·공표에 필요한 조사경비에 대한 예산 확보	2005년 예산에 반영 요구중이며, 2005년 이후 5년 동안 약 2,300개 시정촌에 대해 작성·공표
③ 토사재해위험지도를 토사재해가 발생한 지역에 대해 작성·공표	토사재해경계구역을 지정하고, 2005년 이후 5년간 약 6,000개소에 대해 작성·공표 실시
(3) 호우재해에 적합한 피난장소에 대한 총 점검	
① 수해특성에 적합한 피난장소의 총 점검과 전면적인 검토	2005년부터 홍수위험지도 작성·공표하면서 시정촌이 재인식하도록 지원
3. 신속하고 효율적인 방재시설의 기능 유지 및 향상	
(1) 방재시설 정비상황의 조사·평가·공표	
① 지역의 치수안전도 및 방재시설의 정비상황의 조사·평가·공표 및 그 결과에 기초한 정비진도 관리	2005년부터 실시
(2) 제방의 질적강화	

실시하고자 하는 시책	기간 및 수치목표
① 계획홍수위에 해당하는 홍수위가 장시간 지속되어도 파괴되지 않는 제방의 보강	2005년 이후 5년 동안 직할하천에서 파괴된 제방에 대한 상세점검을 완료하고, 중소하천의 주요 구간에 대해서는 2004년 작성한 검토·대책 가이드라인에 근거하여 제방현황도를 작성함, 점검결과 배후지역의 중요성, 피해발생시 피해규모 정도 등을 감안하여 우선정비 구간을 설정하여 순차적으로 실시
(3) 방재기능을 향상시키기 위한 기존시설의 효율적 활용	
① 강우예측기술의 발전에 맞추어 댐의 기능을 효과적으로 운영하기 위한 운영기준의 변경	2004년 중 우량자료를 분석하여 가이드라인을 작성하고, 2005년부터 직할 및 배수시설을 가진 모든 댐에 대해 사전방류 등에 대해 조속히 검토하여 그 결과에 따라 운영규칙의 변경을 수시로 실시하며, 보조 댐에 대해서도 동일하게 적용
4. 지역 방재대응능력의 재구축	
(1) 재해발생시 재해약자에 대한 대책	
① 고령자 등이 재해발생시 원활하게 피난행동을 할 수 있도록 지원하는 조직의 정비	관계부처 간의 연계를 통해 2004년 중 피난지원 가이드라인을 작성
(2) 수방활동 등의 체제 강화	
① 수방단원에 대한 인센티브 조건 정비	차기정기국회에서 水防法 개정을 검토
② 수방활동에 협력하는 시민단체 등과 수방단의 연계제도를 신설	차기정기국회에서 水防法 개정을 검토
(3) 지하공간에서의 피난유도체계 구축	
① 대규모 지하공간의 관리자는 홍수 시 피난확보계획을 작성토록 의무화	차기정기국회에서 水防法 개정을 검토
5. 하천관리자의 방재체제에 대한 총 점검과 개선	
① 국가 및 지방의 하천관리자가 추진하는 위기관리체계 및 평상시의 대응 등에 대한 총점검	국가는 2004년 중, 지방은 2005년 홍수기 이전에 결과를 보고토록 조치

7.4 미국의 재난관리대책 시리즈

미국 National Academy Press가 발간한 <21세기 재난관리를 위한 대책 시리즈>는 우리가 무엇을, 어떻게 준비해야 하는지를 잘 말해주고 있다.

7.4.1 Facing the Unexpected

현대 사회의 위험은 예기치 못한 유형의 재해가 우려되는 동시에 가뭄이나 홍수재해와 같이 주기성이나 계절성을 가지더라도 발생규모를 예측할 수 없다는 것에 있다. 대구참사와 같은 유형의 재해는 지금까지 상상도 못했던 재해라고 할 수 있는데 복잡화, 다양화되어 가는 사회여건 속에서 다른 유형의 대형 재해를 우리는 걱정하고 대비해야 한다. 자연재해도 각종 개발이라는 인위적 요인과 기상이변으로 대변되는 외부환경변화에 따라 과거 관측기록을 해마다 경신하고 있는 현 시점에서 사전대비 자세는 무엇보다도 중요하다.

7.4.2 Disasters by Design

어떤 인공 시설이나 구조물을 설치할 때 설계단계에서부터 예상되는 유형의 재해를 대비하는 장치가 마련되어야 한다. 급변하는 외부환경변화에 내구연한(耐久年限)이 수십 년이 되는 사회기반시설은 이를 능동적으로 반영하지 못하고 위험요인을 더욱 가중시키는 요소로 작용할 수 있기 때문에 장기적 측면에서 요인변화를 고려하는 방식이 채택될 필요가 있다. 따라서 지역경제와 재해유형을 고려한 사회기반시설의 점검과 설계가 향후 지속적으로 추진돼야 한다.

7.4.3 Paying the Price

위험은 더 이상 경제성장을 위해 감수할 수 없으며 안전관리가 부수적인 업무로 간주될 수 없다는 인식과 함께 동반되는 경제적 부담은 법적, 제도적 장치를 통해서라도 마련되어야 한다.

예를 들어 기상이변은 단순한 자연현상이 아닌 의도하지 않았더라도 인간 행위에 의한 부수적인 결과로 나타난 위험이다. 이러한 위험(risk)에 대처하기 위해 과학과 기술을 이용하지만 이것 또한 새로운 위험의 원인이 되고 있다.

7.4.4 Cooperating with the Nature

경제성장을 위해 외면해 온 자연훼손이 인류 생존에까지 영향을 미칠 수 있다는 점에서 자연과의 조화를 최우선적으로 고려해야 한다. 자연훼손은 필연적으로 인위적 요소를 내재하며 내재된 요소들은 예기치 못한 또 다른 위험의 복합요인으로 작용할 수 있다는 것을 인식하고 생태적, 실천적 논의가 필요한 시점이다.

위험사회와 성찰적 근대화라는 개념을 생각하지 않더라도 고도성장을 위해 감수해온 안전에 대한 패러다임을 전환할 시점이다.

도시화, 산업화는 인위재해의 요인은 물론 자연재해의 가중요인으로도 작용하고 있다는 점을 깊이 인식해야 한다. 경제적 부를 일부 희생하고 발전 속도를 줄이더라도 위험을 사전에 파악하고 봉쇄하는 것만이 경제적이면서도 지속가능한 근대화의 유일한 방법이 될지도 모른다.

제8장 댐과 기상이변

8.1 뜨거워진 한반도, 대홍수 예고

8.1.1 동아시아, 1,000mm 비구름대 꿈틀

국립기상연구소에 따르면 강수일수는 줄고 강우량은 증가하고 있다. 2100년에는 기온은 4도, 강수량은 17% 증가가 예상되고 집중호우는 더욱 빈발할 것으로 예상되고 있다.

온실가스 증가로 지구 전체가 뜨거워지면서 한반도를 비롯한 동아시아 지역의 온도가 가파르게 상승하고 대기가 불안정하게 움직이고 있기 때문이다.

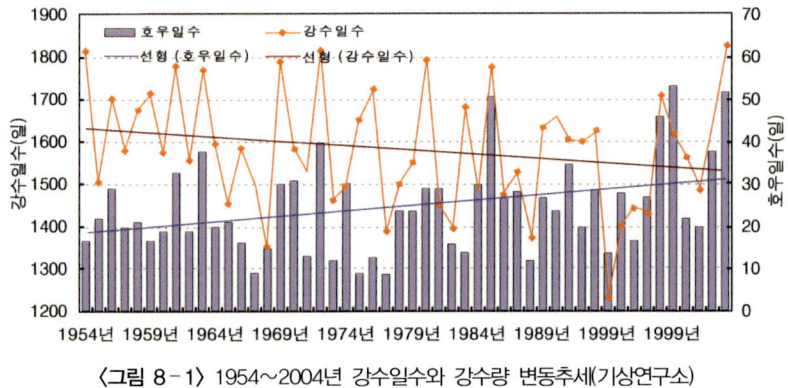

〈그림 8-1〉 1954~2004년 강수일수와 강수량 변동추세(기상연구소)

한반도는 대기온도와 해수온도의 상승 속도가 가장 빠른 북서태평양 연안의 중고위도 지역에 위치해 있다. 미 해양대기국(NOAA) 인공위성의 관측 자료를 보면 우리나라 동해의 수온은 최근 17년간 1.5도 올라 세계 바닷물 평균 수온 상승치의 6배를 기록했다. 태양의 복사열이 같아도 고위도 지역의 온도가 더 많이 오른다.

해수온도 상승으로 대기 중의 포화 수증기량이 대류권은 불안정해진다. 우리나라 상공에는 세계에서 가장 강한 편서풍이 불고 있어 풍속의 차이가 크다. 특히 여름철 한반도는 수분을 많이 머금은 동쪽의 북태평양 기단이 저온 건조한 서쪽의 시베리아·티베트 산지의 기단과 충돌하는 경계에 있어 '기상의 화약고'로 부를 만한 여건을 갖추고 있다.

기상학자들은 낙동강이 집중호우로 범람하면서 '대홍수의 가능성'을 제기하고 있다.

서울대학교 대기과학과 허창회 교수는 "기온이 높은 해일수록 대기 중 수증기량이 증가해 대형 호우가 발생했다"며 "바다의 수증기가 많아지면서 태풍의 최대잠재강도(MPI)가 커져 강한 태풍이 발생할 가능성이 있다"고 경고하고 있다.

8.1.2 여름은 태풍의 계절

2003년 매미(9월 12~13일), 2002년 루사(8월 31일~9월 11일), 2000년 프라피룬(8월 23일~9월 1일)과 사오마이(9월 3~16일), 1998년 예니(9월 26일~10월 1일), 1981년 애그니스(9월 1~4일), 1959년 사라(9월 15~18일) 태풍에서 볼 수 있듯이 우리나라의 기록적 태풍은 대부분 여름의 막바지에 내습했다. 또한 서울, 경기, 강원, 충북 등 중부지방에 사상 최악의 홍수를 일으켜 소양강댐이 홍수위를 넘어서고 352명이 수마에 희생된 1990년과 1984년의 집중호우도 각각 9월 9~12일, 8월 31일~9월 4일에 발생했다.

태풍 루사 때 강릉지방에 내린 877mm의 폭우는 우리나라 기상관측 이래 최대 규모로 강릉지방 연평균 강우량의 62%에 달하는 엄청난 비였다. 기상학자들은 강릉에 내린 하루 877mm의 비는 수문학(Hydrology)에서 사용해 온 가능최대강수량(PMP)이 실현 가능함을 보여줬고 전라남도와 경상남도에서 1,000mm에 가까운 집중호우가 내릴 수 있다고 분석하고 있다.

PMP(Probable Maximum Precipitation)란 '댐을 지을 때 기준이 되는 최대홍수량을 산출하기 위한 최대 강우량'이다.

우리나라에서 PMP가 가장 높은 곳이 영동지방이 아니다. 진도-순천-사천-마산의 남해안이 990mm, 연천-파주-서울-안산이 930mm, 소양강댐이 위치한 양구-화천-홍천이 강릉과 같은 840mm 등우선에 걸쳐 있다. 기상학자들의 분석에 따르면 강원도 내륙과 경북 북부

를 제외하면 우리나라 전역이 800mm 이상의 집중호우 가능한 지역
이다. 수문학자들은 강릉에서 이미 PMP가 실현된 만큼 제2, 제3의 루
사와 같은 대홍수가 발생할 가능성이 충분히 있다고 보고 있다.

8.2 태풍과 집중호우에 의한 댐 · 저수지 피해 사례

8.2.1 수해발생 원인

최근 기후변화 등에 따른 집중호우의 빈발로 홍수위험성 증가하고
있으며 이수목적의 소규모 저수지는 대부분 치수방어능력 취약한 것
으로 드러나고 있다.

과거 우리나라의 주요 호우 및 태풍피해 우선순위 10개 중 7개가
최근 10년 안에 발생되었다.

〈표 8-1〉 우리나라 주요 호우 및 태풍피해 현황(피해액순)

연도 구분	피해 내용 기간	피해 내용 내용	피해지역	이재민(명)	인명피해 (사망실종)	피해액 (백만 원)
2002	8.30~9.1	태풍(루사)	전국	63,085	246	5,252,201
1998	7.31~8.18	집중호우	전국(제주 제외)	24,531	324	1,319,014
1999	7.23~8.4	집중호우 · 태풍	전국	25,327	67	1,132,381
2002	8.4~8.11	호우	전국(제주 제외)	8,107	23	938,515
1990	9.9~9.12	집중호우	서울, 경기, 강원, 충북	187,265	163	772,956
1987	7.15~7.16	태풍(THEIMA)	남해, 동해	99,516	345	631,136
1995	8.19~8.30	집중호우 · 태풍	경기, 강원 충남, 충북	24,146	65	580,177

1987	7.21~7.23	집중호우	중부	50,472	167	531,458
1996	7.26~7.28	집중호우	서울, 경기 강원, 인천	16,933	29	526,783
1989	7.25~7.27	호우	충남, 충북, 남, 전북, 경남, 북	54,041	128	455,491

▶ 자료: 재해연보(행정자치부 중앙대책본부)

8.2.2 댐 붕괴

국제 대댐회(International Commission on Large Dams, ICOLD)의 분석에 따르면 붕괴된 댐의 80%는 필댐이고 나머지 20%는 콘크리트댐과 석괴댐이다.

붕괴된 댐의 준공 시기를 보면 70% 정도가 준공된 지 10년 이내의 신규 댐에서 발생했고 그 중 45%는 1년 미만의 댐에서 발생한 것으로 나타났다. 이는 저수지의 초기 담수단계에서 높은 붕괴 위험성이 있음을 말해 주고 있다.

댐 붕괴의 원인을 유형별로 보면 여수로 용량부족에 따른 월류로 인한 붕괴가 36%로 가장 많고 월류 가운데 86%가 필댐에서 발생했다.

필댐의 경우 물이 넘치면 콘크리트댐이나 석괴댐보다 붕괴 위험성이 훨씬 높다. 따라서 수문학적 안전성을 확보하기 위해서는 설계 홍수량을 크게 선택하고 월류 방지를 위한 대책에 신중을 기해야 한다.

콘크리트댐은 제한적으로 월류가 허용될 수 있지만 필댐은 월류가 허용되지 않는다.

수문학적 안전이란 설계 홍수량과 댐 하류 위험 요인과의 관계이며 위험성이 높은 댐의 안전에 특히 주의를 기울여야 한다.

8.2.3 국내 댐 월류 사례

  강우패턴이 폭우로 변하면서 댐과 하천제방은 급격히 불어난 홍수량을 감당하지 못해 잇따라 무너지고 있다.

8.2.3.1 효기리댐

  전북 남원시 이백면 효기리에 위치해 있으며 1961년 7월 12일에 붕괴됐다. 당시 남원 농지개량조합의 자료에 따르면 1961년 7월 11일 20시에서 22시 30분 사이에 150mm의 비가 내려 댐 유입량이 증가했으며 댐의 여수로와 방수로의 방류능력 부족으로 홍수위가 갑자기 상승해 댐을 월류하면서 약 60m 구간이 유실됐다. 이 사고로 57명이 사망하고 98명이 실종됐으며 7,800여 명의 이재민이 발생했다. 또 마을 전체가 1.3m에서 2.0m까지 침수돼 댐 붕괴에 따른 홍수예·경보 시스템의 중요성을 부각시킨 사고였다.

8.2.3.2 연천댐

  경기도 포천군 청산면 궁평리를 좌안으로, 경기도 연천군 전곡면 신답리를 우안으로 한탄강을 가로 지른 길이 169.5m, 높이 22m(EL. 58.5m), 저수용량 1,300만m³인 콘크리트와 토사 혼합식 댐으로 1986년에 준공됐다. 1996년 7월 26일부터 28일 오전까지 계속된 집중호우로 약 700mm의 비가 내렸고 1일 최대 강우량은 400mm에 달했다. 이 댐은 1996년 7월 27일 오전 9시가 넘어 댐 양안으로 월류되면서 20분 만에 토사와 코어로 축조된 우측 댐체 61.2m가 붕괴됐다.

  1996년 10월 수자원학회에서 발간한 『96년 7월 경기·강원 북부지역 홍수피해 보고서』에서 제기한 문제점을 요약하면 다음과 같다.

- 계획홍수량에 대비하기 위한 수문 7개 중 하나라도 고장이 났을 경우 사용가능한 비상여수로의 설계가 없었다.
- 물이 댐 우안 토사부분 쪽으로 월류하면서 침식이 발생해 붕괴됐을 가능성이 있다.
- 콘크리트와 토석제의 연결부분에 대해 적용된 공법의 타당성 검토가 필요하다.
- 연천댐의 붕괴로 하류에 있는 한탄강 유원지의 가옥 50여 채가 전파됐으며 정확한 피해는 알려지지 않고 있다.

연천댐은 1996년 붕괴된 이후 댐 수문 5곳을 증설하는 등 보강, 복구공사를 했으나 1999년 8월 1일에 내린 집중호우로 댐 왼쪽 둑 40m가 다시 무너졌다. 부실설계와 부실시공이 붕괴의 원인으로 드러났다. 댐의 설계, 시공의 기초인 계획홍수량과 통수 능력을 잘못 산정한 것으로 나타났다. 당시 전문가들은 공기단축, 공사비 절감을 위해 안전성 검증도 없이 댐을 서둘러 건설한 것이 붕괴의 원인으로 분석했다.

8.2.3.3 동막댐

강원도 구정면 어단리에 위치한 길이 320m, 높이 25m, 유역면적 1.86km² 로 태풍 루사 때 여수로 설계홍수량 14m³/s를 초과하는 67m³/s 이상의 홍수량으로 인해 여수로를 포함한 약 57m가 유실되었다. 저수지의 완전 붕괴는 2002년 8월 31일 20시 이후에 발생됐으며 하류지역 주택침수, 붕괴, 농경지 침수, 하천범람, 교량파괴 등이 발생했다.

8.2.3.4 장현댐

강원도 강릉시 장현동에 위치한 높이 15m, 길이 170m의 농업전용 댐으로 1947년에 준공됐다. 2002년 태풍 루사 때 여수로 설계홍수량 190m³/s를 초과하는 313m³/s 이상의 홍수량으로 인해 여수로를 포함한 약 53m가 유실됐다. 장현저수지는 8월 31일 오전 10시 50분경에 홍수 위를 넘어섰으며 11시 10분경에는 여수로가 유실됐고 21시 50분경에 완전 붕괴돼 2백만m³의 물이 1시간 동안 유출됐다. 저수지 붕괴로 하류지역인 모삼의 13가구가 유실되어 큰 인명피해가 발생했으며 저수지의 영향권에 있는 1.5km 구간의 농경지가 침수되거나 매몰됐다.

8.2.3.5 빙계지

경상북도 의성군 춘산면 빙계2리에 위치한 빙계지는 2000년 8월 태풍 프라피룬 내습 때 집중호우로 인해 제당 일부 붕괴됐다. 제당과 여수토, 방수로 등이 노후돼 개량복구가 필요했지만 의성군과 농업기반공사는 유지관리를 제대로 하지 않았다.

현장조사 결과 집중호우로 발생한 홍수량이 1945년 설치된 제당의 여수토 용량을 초과해 낮은 우안부분으로 월류하면서 제방이 붕괴됐다. 제당의 유지관리 부실로 인한 파이핑 현상이 붕괴 원인으로 나타났다.

8.2.3.6 운정저수지

광주광역시 북구 운정동에 있는 운정저수지는 2004년 8월 태풍 메기 때 제방 일부가 유실되고 여수로가 터졌다. 3시간 최대 117.6mm(50년 빈도), 6시간 최대 214.1mm(500년 빈도)의 강우 발생으로 소규모

저수지 특성상 급격한 수위상승이 원인이었다.

현장조사 결과 수위상승에 따른 수압이 붕괴의 직접적 원인으로 작용했으며 제방중앙 전면하단부의 piping(누출)에 의한 것으로 분석됐다. 또 부실설계와 시공으로 비상여수로 높이가 너무 높았던 것도 붕괴의 원인으로 드러났다.

8.2.3.7 매당제

전라북도 장수군 계북면에 있는 매당저수지는 2005년 8월 8일 집중호우 때 제방이 붕괴되고 하류 소하천이 매몰됐다. 현장조사 결과 부실설계로 시공된 노후저수지에 대해 별도의 수리계산과 위험도를 검토하지 않았던 것으로 밝혀졌다.

매당제가 집중호우로 붕괴하면서 토석류가 소하천을 덮쳐 중류 주택 매몰과 농로 유실 등의 피해가 발생했으며 소하천 지류에서도 상당량의 토사가 유입돼 축사와 비닐하우스와 주택 매몰 등의 피해가 가중됐다.

8.2.4 댐 1만 7,000여 개 폭우에 무방비

우리나라에는 장현지나 동막지 같은 농업용수댐 3,000여 개와 14,000여 개의 중소형 저수지가 있다. 폭우가 내리면 대형댐보다 중소형댐이 무너질 확률이 더 높다. 농촌공사에서 관리하는 용수댐은 30년 이상 된 노후시설이 90.7%에 이르고 설계 당시 100년 빈도 강우량 기준 미만으로 설계돼 최근의 기습폭우에 무방비 상태이다. 특히 수문이 없는 곳이 많아 수위 조절도 불가능하다.

중소형댐은 하류에는 크고 작은 마을이 많아 붕괴했을 때 대규모 인명사고로 이어질 수 있다. 태풍 루사 때 붕괴위기를 맞아 하류의 주민 수백 명이 대피한 저수지는 강릉지역 외에도 7개가 더 있다. 삼척 광동댐(1,800명 대피), 성주군의 성주댐(1만 2,000명 대피), 영덕군의 묘곡지(2,943명 대피)와 달산지(2개 마을 대피), 합천군의 죽전지(2개 마을 대피), 고흥의 가화지, 구례의 효곡지가 월류 위기를 가까스로 넘기기도 했다.

8.3 저수지(소규모 댐)의 재해예방

우리나라의 댐 붕괴 피해사례를 분석해 보면 대부분 저수지(소규모 댐)에서 발생했으며 기상이변에 따른 집중호우 빈도가 높아지면서 저수지(소규모 댐)의 붕괴사고는 더욱 늘어날 것으로 전망되고 있다.

저수지(소규모 댐)의 재해예방 대책을 어떻게 세워야 되는지를 한국농어촌공사 윤창진 연구원 등 전문가들의 견해를 토대로 분석해 봤다.

8.3.1 저수지의 안전관리

저수지의 안전관리란 저수지로 인한 재해를 방지하고 공공의 안정을 위해 저수지 관리자가 「농어촌정비법」 및 「시설물의 안전관리에 관한 특별법」 등 관련법령에 따라 행하는 안전점검, 정밀안전진단, 유지·보수·보강, 사용제한, 철거 등 모든 행위를 말한다. 농업용 저수지는 지방자치단체의 장 또는 한국농어촌공사가 저수지 관리자로서 저수지의 안전성 확보를 위해 노력해야 하며 중앙재난안전대책본부장(행정안전부 장관)은 저수지의 안전관리 및 재해예방을 위한 데이터베이스(Data Base, DB)를 구축해 종합적이고 일원화된 정보의 제공과 기술의 축적·보급을 위한 체제를 확립하여야 한다(저수지·댐의 안전관리 및 재해예방에 관한 법).

시장·군수·구청장은 관할구역에 있는 저수지가 안전점검 결과 재해위험성이 높은 것으로 판단되면 재해위험저수지로 지정·고시하고 저수지 관리자는 정밀안전진단 결과에 따라 보수·보강 등의 정비사업을 시행해야 한다(저수지·댐의 안전관리 및 재해예방에 관한 법). 기초 세굴, 제체 균열, 누수 등 중대한 결함으로 긴급한 조치가 필요한 경우에는 저수지 관리자가 저수지의 사용제한, 사용금지, 철거 등의 조치를 취해야 하며 2년 이내에 결함사항에 대한 보수·보강 등의 필요한 조치에 착수하고 3년 이내에 완료해야 한다(시설물의 안전관리에 관한 특별법 시행령).

농업용 저수지는 선량한 관리를 위해 안전관리계획을 수립해야 하며 안전관리계획에 따라 안전점검과 정밀안전진단을 해야 한다. 모든 농업용 저수지의 안전점검은 시설물의 운전조작, 정비 및 장애물 제거 등을 위해 분기별로 실시하는 일상점검, 기능보전과 재해예방을 위하여 매년 영농기전에 실시하는 정기점검, 공중에 위해를 끼칠 우려가 있거나 긴급히 보수·보강할 필요가 있을 때 실시하는 긴급점검으로 구분하여 실시해야 한다(농어촌정비법).

농업용 저수지는 1종과 2종 시설로 구분되는데 총저수량이 50만m^3 이상인 1종 시설 저수지는 준공 후 10년 이상 지난 저수지에 대해 5년에 1회 이상 정기적으로 정밀안전진단을 실시하고 총 저수량이 50

만m³ 미만인 2종 시설 저수지는 안전점검 결과에 따라 정밀안전진단 실시 여부를 판단한다(농어촌정비법).

8.3.2 농업용 저수지 현황

농업용 저수지는 우리나라 전체 논 면적 1,069,932ha의 44%에 해당하는 473,773ha의 논에 물을 공급한다. 농업용 저수지는 2008년 말 현재 전국에 총 17,649개소가 있으며 그 중에서 한국농어촌공사가 관리하는 저수지가 3,326개소, 시·군 등 지자체가 관리하는 저수지는 전체의 80%인 14,323개소로서 관리주체가 이원화되어 있다. 우리나라 남한 면적을 10만km²로 보면 농업용 저수지 밀도는 5.7km²당 1개소이므로 면적이 8.5km²인 여의도 정도의 크기에 저수지 1~2개소가 있는 것으로 보면 된다(농업생산기반정비사업 통계연보, 2008).

총 17,649개소나 되는 농업용 저수지의 총저수량은 우리나라에서 가장 큰 댐인 소양강 다목적댐의 만수시 저수량 290,000만m³에 약간 못 미치는 277,000만m³(공사관리 245,000만m³, 시군관리 32,000만m³)이다. 농업용 저수지 중에서 가장 큰 저수지는 전남 나주에 있는 나주댐(저수량 9,100만m³)으로 평균저수량은 공사관리 저수지가 74만m³, 시군관리 저수지는 2만m³로서 시군관리 저수지는 평균수심이 4m인 축구장 정도의 규모이다(농업생산기반정비사업 통계연보, 2008).

농업용 저수지는 1945년 이전에 축조된 저수지가 전체의 54%인 9,359개소(공사관리 1,007개소, 시군관리 8,352개소)에 달할 만큼 축조된 지 오래된 것이 많고 최근 20년 동안 축조된 저수지는 전체의 3%인 527개소이다(농업생산기반정비사업 통계연보, 2008).

8.3.3 재해피해와 재해대책 현황

농업수리시설물 중 자연재해의 위험잠재성이 가장 큰 시설물이 저수지이다. 저수지가 붕괴되면 인명과 재산피해는 물론 농업용수 공급에 차질을 빚어 농작물 피해를 수반하게 된다. 모든 농업용 저수지는 흙으로 축조됐으며 전체의 96%에 달하는 저수지가 노후화됐거나 기능이 떨어져 설계기준을 충족시키지 못하고 있다.

홍수조절용 수문이 설치된 저수지는 한국농어촌공사가 관리하고 있는 30여 개의 저수지에 불과하고 시·군 관리 저수지를 포함한 대부분의 저수지는 자연월류식 물넘이를 통해 홍수량을 배제할 수밖에 없어 국지성 집중호우나 게릴라성 폭우를 감당하기에는 구조적으로 취약하다. 농림수산식품부 자료에 의하면 2002년 574개소 등 2002년부터 2009년까지 8년 동안 총 1,428개소의 저수지가 강우로 인해 피해를 입은 것으로 집계되고 있다

홍수조절기능이 없는 저수지에 설계홍수량 이상의 물이 유입되면 초과되는 양만큼 물넘이로 방류될 수밖에 없으며 과다한 방류는 물넘이 구조물과 인접한 축조재료를 손상시켜 제체에 위험을 초래하고 있다. 또한 수위 상승과 함께 수압이 상승해 하류 사면붕괴 위험성이 높아져 제체가 위험하게 된다. 일반적으로 농업용 저수지는 물넘이 구조물이 취약해 피해를 입는 경우가 많이 발생한다.

전체 저수지 중에서 한국농어촌공사 관리 저수지는 DB를 구축해 유지관리하고 있으며 노후화로 재해에 취약한 저수지는 정밀안전진단 결과에 따라 중장기 개보수계획을 수립해 연차적으로 보수·보강하고 있다. 이와 같은 구조적 대책 외에도 저수량 100만m³ 이상의 저

수지에 대해서는 지역주민의 안전을 위해 비상대처계획(Emergency Action Plan, EAP)을 수립해 재해에 대비하고 있다.

시·군 관리 저수지는 소규모로 적은 강우에도 물이 넘치고 가뭄 때는 바닥이 드러난다. 예산부족으로 개보수 계획수립이 어렵고 농업용 저수지가 많은 지자체에서는 인력부족으로 안전점검도 제대로 이뤄지지 않고 있다. 또한 대부분이 50만㎥ 이하의 소규모로 정기적인 정밀안전진단이나 비상대처계획 수립대상에서 제외돼 있다.

한국농어촌공사는 1995년부터 2009년까지 15년 동안 총 487개소의 시군관리 저수지에 대해 정밀안전진단을 실시했다. 이런 추세라면 1945년 이전에 축조된 8,352개소의 노후화된 시군관리 저수지만이라도 정밀안전진단을 마치려면 200∼300년 후에야 가능하고 안전진단 비용도 한 저수지당 3,500만원을 드는 점을 감안하면 천문학적인 예산이 필요하다.

농업용 저수지의 노후화로 인한 기능저하와 열악한 시설현황을 고려해 볼 때 국지성 집중호우나 게릴라성 폭우 등 최근 새로운 기후패턴에 의한 피해정도가 단순히 자연재해 탓으로만 돌리기에는 안전점검, 정밀안전진단 등의 현행 시군관리 저수지 안전관리기법이 너무 과도한 시간과 비용이 소요돼 적절한 대책이 필요하다.

8.3.4 결론

대부분의 시군관리 저수지는 노후화로 인한 기능저하와 인력, 예산부족에 따른 유지관리 부실로 시설물 상태가 열악해 재해에 매우 취약하다. 더욱이 홍수조절기능이 없는 구조적 결함과 비상대처계획

부재 등으로 적은 강우에도 큰 피해가 발생하고 있다.

시군관리 저수지의 개보수나 보강 같은 구조적인 문제점을 해결하고 새로운 기후패턴에 능동적으로 대처하기 위해서는 노후화된 저수지의 재해예방을 위한 긴급 투자가 시급하다.

8.4 PMP 때 12개 댐 월류

우리나라는 여름 한철에 비가 집중적으로 내린다. 따뜻하고 습기 많은 북태평양 기단이 이 기간에 발달하여 영향을 미치는 몬순기후에 속하기 때문이다.

지난 30년 동안 기상청 57개 관측소에서 관측된 강우자료를 보면 여름철 평균 강수량이 1976~85년에는 661mm, 1986~95년에는 710mm, 1996~2005년에는 814mm로 크게 증가했다.

특히 1996년 이후에는 매년 여름철 강수량이 600mm를 초과해 예년보다 강수량이 증가하는 추세를 보이고 있다. 강수량이 늘고 있지만 강수일수는 오히려 줄어들고 있어 집중호우 형태의 비가 내릴 확률이 크게 높아졌다는 것을 뜻한다.

하루 강수량 80mm 이상의 호우가 내린 날이 1954~63년 동안에는 연평균 1.6일에서 1994~2003년에는 2.3일로 늘어났다는 기상연구소의 연구결과도 이를 뒷받침해주고 있다. 기온상승에 따른 집중호우 증가는 댐의 안전과 밀접한 관련이 있다.

댐의 수문학적 안정성 검토 및 취수능력증대 기본조사('03. 4~'04. 9, 유신 코퍼레이션) 결과 가능 최대강수량(PMP, Probable Maximum

Precipitation)이 내릴 경우 한국수자원공사가 관리 중인 25개 댐(다목적댐 14, 용수댐 11) 중 12개 댐은 물이 넘치고 12개 댐은 여유고(高)가 부족한 것으로 나타났다.

〈표 8-2〉 댐의 수문학적 안정성 검토 및 취수능력 기본조사 결과 댐별 안전도

구분	수어	영천	임하	충주	대청	소양강	섬진강	대암	안동
댐마루표고 (EL.m, A)	69.2	162	168	148	83	203	200	55	166
PMP시 최고홍수위 (EL.m, B)	76	165.9	169.9	149.6	84.3	203.9	200.8	55.7	166.7
A－B	△6.8	△3.9	△1.9	△1.6	△1.3	△0.9	△0.8	△0.7	△0.7
안전성 평가	월류 (불안정)	월류 (불안정)	월류 (불안정)	월류 (불안정)	월류 (불안정)	월류 (불안정)	월류 (불안정)	월류 (불안정)	월류 (불안정)

구분	운문	광동	남강	사연	구천	안계	선암	연초	합천
댐마루표고 (EL.m, A)	155.1	678.5	52.2	66.4	96	46.9	32	52	181.5
PMP시 최고홍수위 (EL.m, B)	155.5	678.6	52.3	66.3	95.6	46.4	31.5	51.4	180.8
A－B	△0.4	△0.1	△0.1	0.1	0.4	0.5	0.5	0.6	0.7
안전성 평가	월류 (불안정)	월류 (불안정)	월류 (불안정)	여유고 부족	여유고 부족	여유고 부족	여유고 부족	여유고 부족	여유고 부족

구분	주암	달방	부안	밀양	보령	횡성	용담
댐마루표고 (EL.m, A)	115	117	49.3	213.5	79	184	269.5
PMP시 최고홍수위 (EL.m, B)	114.3	116.1	48.1	212	77.4	182.2	265.7
A－B	0.7	0.9	1.2	1.5	1.6	1.8	3.8
안전성 평가	여유고 부족	여유고 부족	여유고 부족	여유고 부족	여유고 부족	여유고 부족	안정

▶ 자료: 한국수자원공사

가능 최대 강수 때 물이 넘치는(월류) 댐은 다목적댐 6개(소양강댐, 충주댐, 안동댐, 임하댐, 남강댐, 대청댐), 용수댐 6개(영천댐, 광동댐, 수어댐, 섬진강댐, 운문댐, 대암댐)이다. 또 여유고(高)가 부족한 댐은 다목적댐 6개(횡성댐, 합천댐, 밀양댐, 주암댐, 부안댐, 보령댐), 용수댐 6개(달방댐, 안계댐, 사연댐, 연초댐, 구천댐, 선암댐)이다.

이 같은 현상은 최근 이상기후로 인해 댐 설계당시보다 가능 최대 강수량이 급격히 증가했기 때문이다. 댐의 수문학적 안정성 검토 및 취수능력증대 기본조사 결과 수어댐은 PMP가 1,135mm로 조사돼 설계낭시 PMP 411mm보다 724mm나 늘어났고 안계댐과 연초댐은 각각 591mm, 531mm가 늘어났다.

가능 최대 강수량이 내릴 경우 물이 넘치는 것으로 나타난 12개댐 중 소양강댐, 안동댐, 임하댐, 영천댐, 광동댐, 수어댐, 운문댐, 대암댐 등 8개 사력댐은 물이 넘치면 쉽게 붕괴된다. 콘크리트 댐은 물이 넘쳐도 일정시간 동안 버티지만 자갈과 모래로 만든 사력댐은 물이 넘치면 댐 정상부터 붕괴가 시작된다.

실제로 2002년 8월 태풍 루사 때 강릉에 소양강댐 최대 가능강수량 810mm보다 61mm 많은 871mm의 비가 하루 동안 내렸으며 광동댐은 홍수위가 댐마루 표고 높이인 678.5EL.m보다 1.76EL.m 작은 676.74EL.m까지 상승했으며 달방댐은 홍수위가 댐마루표고(117EL.m)보다 2.13EL.m 작은 114.87EL.m까지 올라갔다.

〈표 8-3〉 댐의 수문학적 안정성 검토 및 취수능력 기본조사 결과 댐별 가능최대강수량

구분	수어	안계	연초	영천	광동	대암	섬진강	달방	사연
설계당시(A)	411	272	368	242	428	332	322	293	412
용역결과(B)	1,135	863	899	715	878	689	630	565	645
B-A	724	591	531	473	450	357	308	272	233

구분	소양강	구천	임하	주암	밀양	안동	합천	횡성	대청
설계당시(A)	632	420	424	722	554	530	519	607	532
용역결과(B)	810	574	561	846	674	619	608	687	598
B-A	178	154	137	124	120	89	89	80	66

구분	충주	부안	보령	남강	용담	운문	선암
설계당시(A)	511	742	682	655	635	732	-
용역결과(B)	570	800	698	654	578	568	979
B-A	59	58	16	△1	△57	△164	-

▶ 자료: 한국수자원공사(단위: mm)

8.5 소양감댐이 붕괴되면?

소양강댐은 물이 넘치면 붕괴된다. 연세대 수공학연구실 조원철 교수는 소양강댐은 점토기둥 바깥에 모래와 자갈을 쌓은 사력(沙礫: rockfill)댐으로 월류하는 순간 토사가 깎여 나가 24시간 안에 붕괴된다고 분석하고 있다. 소양강댐은 1967년 설계 당시 400mm 폭우에 맞춰 계획홍수위를 198m로 잡았으나 1984년과 1990년에 두 차례나 198m를 넘었다. 기상학자들은 태풍 루사 때 강릉에 내린 877mm 폭우가 소양호 상류지역에도 내릴 가능성이 충분하다고 보고 있다. 만약 그럴 경우 벌어질 참사는 상상만 해도 끔찍하다.

한국수자원공사가 수해방지대책으로 수립('01. 6~'02. 12)한 '한강 권

역 댐의 비상대처계획'을 보면 가능 최대강수에 의해 물이 넘쳐 소양강 댐이 붕괴되면 서울시 25개 구, 인천시 5개 구, 경기도 16개 시·군, 강원도 3개 시·군 등 4개 광역시도, 47개 시·군·구가 침수되는 것으로 나타났다.

서울시의 경우 전체 25개 구 모두가 일부 또는 전부 침수되고 인천시는 부평구, 계양구, 서구 등 3개 구, 경기도는 성남시, 안양시, 부천시, 광명시, 고양시, 구리시, 남양주시, 시흥시, 하남시, 이천시, 김포시, 광주시, 파주시, 여주시, 가평군, 양평군 등 16개 시군, 강원도는 춘천시, 화천군, 홍천군 등 3개 시군이 침수된다.

또한 가능 최대강수로 소양강댐이 붕괴될 경우 지역별 최고 홍수위 도달시간은 춘천시 2시간 57분, 의암댐 2시간 56분, 청평댐 5시간 9분, 팔당댐 8시간 47분, 서울(한강대교 기준) 14시간 22분으로 소양강댐에 물이 넘쳐 붕괴되면 하루도 되지 않아 수도권 상당 지역이 물에 잠기는 것으로 돼 있다.

국토해양부는 댐에 비상상황이 발생할 때 하류지역에 미치는 수리·수문학적 영향과 침수예상지역에 대한 비상대처계획(Emergency Action Plan)을 수립해 예상치 못한 대규모 재해에 대비한다는 계획을 세워놓고 있지만 하류 주민들의 민원을 의식해 비상대처계획 내용을 공개하지 않고 있다.

「댐 유지관리기준(1994, 건설부)」에 댐 비상상황에 대한 비상대처계획을 수립하도록 기준을 간략히 제시하고 있으나 비상대처계획수립이 법과 제도적으로 의무화되어 있지 않았지만 「수해방지 종합대책(1999. 12, 수해방지대책기획단)」에서 댐 붕괴해석과 홍수의 전파양상분석이 포함된 댐의 비상대처계획수립을 법적으로 의무화 할 것을 제시했다.

제9장 댐의 수문학적 검토

우리나라는 매년 홍수에 의해 재산과 인명손실 등 많은 피해를 입고 있으며 홍수가 주는 피해는 여러 자연재해 중 가장 심각한 재해로 나타나고 있다.

이러한 대규모 홍수 같은 자연현상에 의해 댐 붕괴 등 비상상황이 발생할 수 있을 뿐 아니라 댐 건설 후 오랜 시간이 경과한 경우 댐 관련 구조물의 노후화로 인한 댐체 및 부속구조물의 결함이 발생해 예기치 않은 비상사태가 초래될 수 있다.

댐의 붕괴는 만수 시에 발생가능성이 가장 높은 월류 또는 파이핑 작용 등에 의한 제체 하류 경사면의 붕괴를 초래하는 경우가 가장 많다. 특히 국내외 댐 붕괴사례를 보면 설계홍수량을 초과한 호우의 발생으로 과다한 홍수량 유입이 원인인 경우가 많아 댐의 안정성 확보를 위한 대책이 절실하다.

9.1 안정성 평가

현재 우리나라에는 기존댐에 대한 수눈학적 안정성을 평가하기 위한 구체적인 기준은 없다. 단지 이와 유사한 내용의 기준들을 「댐 설계기준(2001, 건설교통부)」에서 찾아 볼 수 있다.

댐의 수문학적 안전성은 여수로 방류능력에 의해 결정되고 방류능력 부족은 댐의 붕괴로 직결돼 인명과 재산피해를 동반한다.

현재 국내의 다목적댐과 용수전용댐, 발전용댐들은 유입홍수량으로 가능최대홍수량(PMF: Probable Maximum Flood)을 적용해 수문학적 안전성을 검토하면 상당수가 댐체를 월류하거나 여유고가 부족한 것으로 나타나고 있다.

다목적댐과 용수전용댐을 관리하고 있는 한국수자원공사와 농촌공사는 홍수방어능력을 확보하기 위해 장기적인 기본계획을 수립해 시행하고 있다.

그러나 댐의 증고와 비상여수로 설치 등 구조적인 대책과 저수지 운영수위 및 방법의 변경 등을 통한 비구고적인 대책수립이 현실적으로 어려운 실정이다.

우리나라 댐의 수문학적 안전성 평가(여수로 방류능력 평가)는 국토해양부에서 고시하고 있는 「안전점검 및 세부지침(댐)」의 여유고 확보와 월류 여부, 하류에 미치는 잠재적인 위험의 정도에 따라 수행되고 있다.

건설교통부(現 국토해양부)와 한국수자원공사가 수행한 『댐의 안정성평가 및 비상대처계획수립 보고서(2003. 9)』에 수록된 댐의 안정성 평가 내용을 토대로 국내 댐의 문제점을 분석했다.

9.1.1 안동댐

설계유입홍수량인 강우 지속시간 48시간의 PMF에 대해 안정성 평가를 수행한 결과 최고 홍수위는 EL. 165.31m이고 이때 최대 방류량은 6,591m³/sec로 산정됐다.

설계 시 안동댐의 가능최대 홍수량은 8,500m³/sec이며 이때 최고홍수위는 EL.163.94m였다. 그러나 홍수량 증가에 따라 댐 마루고가 EL. 166.6m로 산정돼 안동댐은 여유고가 부족한 것으로 나타났다. 또 PMF 9,913m³/sec 유입 시 월류 가능성이 높아 댐 안정성 확보를 위한 대책이 필요한 것으로 분석됐다.

〈표 8-4〉 안동댐 수문학적 안정성평가 결과

구 분	대상 강우 (mm)	지속 시간 (hrs.)	첨두 홍수량 (m³/sec)	최대 방류량 (m³/sec)	초기 수위 (EL.m)	최고 홍수위 (EL.m)	댐마루 표고 (EL.m)	안정성 평가
금 회	705	48	9,913	6,591	160.00	165.31	166.31	여유고 부족

9.1.2 임하댐

설계유입홍수량인 강우 지속시간 48시간의 PMF에 대해 안정성 평가를 수행한 결과 최고홍수위는 EL.167.70m, 최대방류량은 6,463m³/sec, 댐 마루고는 EL.168.69m로 나타났다. 따라서 현재 댐 마루표고인 EL.168.0m를 0.69m 초과했고 PMF 9,398m³/sec 유입 시 0.4m가량 여유고가 부족해 월류 방지를 위한 기존댐 증고 방안 등 대책이 필요한 것으로 평가됐다.

<표 8-5> 임하댐 수문학적 안정성평가 결과

구 분	대상 강우 (mm)	지속 시간 (hrs.)	첨두 홍수량 (m³/sec)	최대 방류량 (m³/sec)	초기 수위 (EL.m)	최고 홍수위 (EL.m)	댐마루 표고 (EL.m)	안정성 평가
금 회	684	48	9,398	6,463	161.70	167.70	168.70	여유고 부족

9.1.3 합천댐

설계유입홍수량인 강우 지속시간 48시간의 PMF에 대해 안정성 평가를 수행한 결과 최고홍수위는 EL.180.23m, 첨두방류량은 7,716m³/sec, 댐 마루고는 EL.182.03m로 나타나 현재 댐 마루표고인 EL.181.0m를 1.03m 초과했다. 또 PMF 8,984m³/sec 유입 시 여유고가 부족해 월류 방지를 위한 파랑방지옹벽 설치 등 대책이 필요한 것으로 나타났다.

<표 8-6> 합천댐 수문학적 안정성평가 결과

구 분	대상 강우 (mm)	지속 시간 (hrs.)	첨두 홍수량 (m³/sec)	최대 방류량 (m³/sec)	초기 수위 (EL.m)	최고 홍수위 (EL.m)	댐마루 표고 (EL.m)	안정성 평가
금 회	613	24	8,984	7,716	176.00	180.23	180.03	여유고 부족

9.1.4 남강댐

설계유입홍수량인 강우 지속시간 48시간의 PMF에 대해 안정성 평가를 수행한 결과 최고홍수위는 EL.53.21m, 첨두방류량은 7,119m³/sec, 댐 마루고는 EL.57.57m로 나타나 현재 댐 마루표고인 EL.52.20m를 5.17m 초과했다. 또 PMF 14,892m³/sec 유입 시 홍수위가 52.67m까지 상승해 월류하는 것으로 나타나 현재 저수지 운영방법을 유지할 때 6.5m가량 더 높여야 하는 것으로 분석됐다.

<표 8-7> 남강댐 수문학적 안정성평가 결과

구 분	대상 강우 (mm)	지속 시간 (hrs.)	첨두 홍수량 (m³/sec)	최대 방류량 (m³/sec)	초기 수위 (EL.m)	최고 홍수위 (EL.m)	댐마루 표고 (EL.m)	안정성 평가
금 회	807	48	14,982	7,119	41.00	52.67	57.37	월류

9.1.5 밀양댐

설계유입홍수량인 강우 지속시간 48시간의 PMF에 대해 안정성 평가를 수행한 결과 최고홍수위는 EL.212.89m, 최대방류량은 3,057m³/sec, 댐마루고는 EL.215.90m로 현재 댐 마루표고인 EL.213.0m를 2.9m 초과했다. 또 PMF 3,054m³/sec 유입 시 여유고가 부족해 여수로를 증설해 여유고를 확보하는 방법, 댐 증고나 Parapet wall을 설치하는 방안이 도출됐다.

<표 8-8> 밀양댐 수문학적 안정성평가 결과

구 분	대상 강우 (mm)	지속 시간 (hrs.)	첨두 홍수량 (m³/sec)	최대 방류량 (m³/sec)	초기 수위 (EL.m)	최고 홍수위 (EL.m)	댐마루 표고 (EL.m)	안정성 평가
금 회	850	24	3,054	2,375	207.20	212.87	215.87	여유고 부족

9.1.6 영천댐

설계유입홍수량인 강우 지속시간 48시간의 PMF에 대해 안정성 평가를 수행한 결과 최고홍수위는 EL. 165.90m, 최대방류량은 1,182m³/sec, 댐 마루고는 EL. 166.90m로 나타나 현재 댐 마루표고인 EL. 162.0m를 4.9m 초과해 월류 웨어 높이를 낮춰 배제하는 방안 등 구조적인 안정성 확보방안이 적극 검토돼야 하는 것으로 지적됐다.

〈표 8-9〉 영천댐 수문학적 안정성평가 결과

구 분	대상 강우 (mm)	지속 시간 (hrs.)	첨두 홍수량 (m³/sec)	최대 방류량 (m³/sec)	초기 수위 (EL.m)	최고 홍수위 (EL.m)	댐마루 표고 (EL.m)	안정성 평가
금 회	715	24	3,700	1,812	156.00	165.90	166.90	월류

9.1.7 사연댐

설계유입홍수량인 강우 지속시간 48시간의 PMF에 대해 안정성 평가를 수행한 결과 최고홍수위는 EL.65.90m, 최대방류량은 2,291m³/sec, 댐 마루고는 EL.66.90m로 나타나 현재 댐 마루표고인 EL.66.40m를 0.5m 초과해 여유고가 부족한 것으로 나타나 치수능력 증대방안이 시급한 것으로 판정했다.

〈표 8-10〉 사연댐 수문학적 안정성평가 결과

구 분	대상 강우 (mm)	지속 시간 (hrs.)	첨두 홍수량 (m³/sec)	최대 방류량 (m³/sec)	초기 수위 (EL.m)	최고 홍수위 (EL.m)	댐마루 표고 (EL.m)	안정성 평가
금 회	750	24	2,619	2,291	60.00	65.90	66.90	여유고 부족

9.1.8 운문댐

설계유입홍수량인 강우 지속시간 48시간의 PMF에 대해 안정성 평가를 수행한 결과 최고홍수위는 EL.155.20m, 최대방류량은 5,231m³/sec, 댐 마루고는 EL.156.20m로 나타나 현재 댐 마루표고인 EL.155.10m를 초과해 월류하는 것으로 판정돼 배수문 확장이나 댐 증고, Parapet wall을 설치하는 방안 등이 제시됐다.

〈표 8-11〉 운문댐 수문학적 안정성평가 결과

구 분	대상 강우 (mm)	지속 시간 (hrs.)	첨두 홍수량 (m³/sec)	최대 방류량 (m³/sec)	초기 수위 (EL.m)	최고 홍수위 (EL.m)	댐마루 표고 (EL.m)	안정성 평가
금 회	717	24	7,594	5,231	146.80	155.20	156.20	월류

9.2 댐 설계 기준

우리나라는 확률홍수개념의 설계홍수량(100년 빈도, 200년 빈도, 200년 빈도×1.2 등)으로 여수로를 설계한다. 규모가 작은 용수전용댐은 1,000년 빈도 등의 이상홍수량으로, 대규모인 다목적댐은 최대 확률홍수개념의 PMF로 댐의 안전성을 검토하고 있다. 그러나 댐의 안전은 PMF로 검토하지만 여수로를 설계할 때는 확률홍수와 PMF가 혼용되고 있다.

그렇다면 외국의 경우는 어떨까?

미국에서는 댐의 설계홍수량을 PMF를 기준으로 하고 저수지와 여수로 조작에 따라 여수로의 방류 능력을 결정하고 있다.

일본은 저수지가 대부분 소규모이며 홍수도달시간이 짧고 강우 강도가 큰 자연적인 조건 때문에 콘크리트댐은 200년 빈도 첨두홍수량을, 필댐은 200년 빈도 첨두홍수량의 1.2배를 여수로 설계홍수량으로 채택하고 있다.

유럽은 대부분 설계홍수량을 결정하는 기본적인 기준은 확률론에 근거를 두고 있다. 프랑스, 독일, 이탈리아, 노르웨이, 스위스, 스페인 등 6개국은 1,000년 빈도, 오스트리아는 5,000년 빈도, 핀란드, 아일랜드, 포르투갈, 스웨덴, 유고 등 5개국에서는 10,000년 빈도를 그리고 영국만이 PMF의 추정을 근거로 하고 있다.

설계홍수량은 여유고로 안전 여유 값을 확보하며 여수로와 감세구 조물의 수문학적 설계 때 고려해야 하는 홍수량이다.

유입설계홍수량은 대상 댐이 안전하게 소통시킬 수 있는 홍수량이다. 가능최대홍수량이란 검토 중인 유역에서 발생 가능한 기상학적 및 수문학적 조건 중에서 최악의 조건을 결합시켰을 때 예상되는 홍수량으로 정의한다.

9.3 치수능력 증대사업

세계적인 기상이변과 함께 우리나라에도 2002년 태풍 루사 때 강릉지역에 1일 877mm의 기록적인 폭우가 내리는 등 이상기후로 인한 홍수기 강수량이 증가하는 추세이다. 이에 따라 댐 설계기준으로 사용되는 PMP(가능최대강수량, Probable Maximum Precipitation)가 대폭 상향조정되었다.

현재 운영 중인 댐 중 증가된 PMP에 대응할 수 없는 댐과 설계 또는 시공 중에 있는 댐 중 변경된 PMP에 대비하지 않은 댐에 대해 수문을 추가로 설치하는 등 방류능력을 증대시키거나 상류에 댐을 설치해 유입량을 줄여 PMP에 대한 댐의 안전성과 치수능력을 확보하는 방안을 마련 중이다.

〈표 9-1〉 댐별 치수능력 증대사업 추진현황

댐 명	사업내용	가능최대강우량* (PMP: Probable Maximum Precipitation)		완료예정
		설계당시(mm)	변경(mm)	
달 방	수문(Roller gate 2문) 설치	293	565	준공(2006.12)
광 동	수문 설치 및 여수로 구조개선 -자연월류식 여수로(기준 10m) -수문조절식 여수로(Radial Gate 4문)	428	878	준공(2007.12)
영 천	보조여수로(개거식) 설치	296	715	준공(2007.12)
구 천	기존여수로 확장 및 패러핏월(웨어부 50→60m, 여수로 바닥굴착 5.0m, 패러핏월 H=1.0m 설치)	420	693	준공(2007.12)
수 어	부조여수로(터널식) 설치	411	1,135	준공(2008. 6)
연 초	기존여수로 확장(웨어부 25→52m, 여수로 바닥굴착 5.9m)	368	706	준공(2008.12)
소양강	보조여수로(완경사 터널식) 설치	632	810	2010. 12
대 암	보조여수로(터널식) 설치	332	689	2010. 12
임 하	비상여수로(터널식) 설치	424	561	2011. 12
섬진강	비상여수로(터널식) 설치	332	559	2011. 12
안 동	비상여수로(개거식) 설치	530	580	2011. 12
사 연	기존여수로 확장	412	645	2012. 12
보 령	보조여수로(터널식) 설치	682	718	2012. 12
대 청	비상여수로(개거식) 설치	532	591	2012. 12
주 암	보조어수로(터널식) 설치(본댐)	722	846	2013. 12
	보조여수로(개거식) 설치(조절지댐)	777	992	

▶ 자료: 한국수자원공사(2008)

9.4 소양강댐 비상여수로 설치공사 기본계획

9.4.1 소양강댐의 홍수 기준

소양강댐은 계획 홍수위 198m, 담수량 29억 톤의 우리나라 최대 다목적댐으로 지난 1967년 착공해 6년간의 난공사 끝에 1973년 완공됐다. 이로써 서울 수도권 등 한강 하류는 홍수조절과 발전, 그리고 안정적인 수자원을 확보할 수 있게 됐다.

소양강댐은 계획 홍수위가 198m로 하루 400m의 폭우를 견딜 수 있도록 설계되어 있다. 500년 만에 발생하는 홍수를 기준으로 댐을 설계했다지만 이미 1984년과 1990년 이 계획 홍수위를 넘은 바 있다. 다행히 댐 정상까지는 5m의 여유가 있어 물이 넘치지 않았지만 2002년 강릉에 뿌려진 하루 877mm 폭우가 소양강 상류에 내린다면 끔찍한 일이 벌어질 수 있다.

소양강댐은 점토 기둥을 세운 뒤 외부에 모래와 자갈을 다시 쌓은 사력댐으로 댐이 범람하면 토사가 깎여 나가면서 붕괴된다.

〈그림 9-1〉 소양강댐 전경

9.4.2 수문학적 안정성과 보조여수로

한국수자원공사는 2002년 태풍 루사를 고려해 가능최대강수량(PMP: Probable Maximum Precipitation)을 재검토한 결과 810.0mm를 적용하기로 하고 PMP에 의한 PMF(20,712m³/s) 유입 때 저수지 최고수위는 EL. 203.94m로 기존댐의 최고 수위 EL.201.91m보다 약 2.0m 높고 댐 정고 EL.203.0m보다는 약 1m 높아 기존 소양강댐의 홍수방어능력이 부족한 것으로 나타났다.

이에 따라 한국수자원공사는 소양강댐 치수능력 증대와 수문학적 안전성 확보를 위해 2004년 보조여수로 설치 계획을 수립했다.

보조여수로는 집중호우로 소양강댐의 계획홍수위가 초과할 경우 기존여수로와 보조여수로를 동시에 열어 댐의 안전을 확보한다.

보조여수로의 설계 방류량은 6,700m³/s(PMF, 기존 여수로 7,500m³/s 제외)로 내경 14m에 길이 1,873.9m의 터널 2개를 설치하기로 하고 공사에 착수했다.

〈표 9-2〉 소양강댐 보조여수로 규모

월류부 마루고(HL.m)		185.5	보조여수로 월류폭(m)		58.0(58.8)
월류부 폭(m)		58.0			
200년 빈도	유입량(m³/s)	12,620	방류량(m³/s)	200년	5,500(m³/s)
	첨두방류량(m³/s)	5,500		PMF	14,225(m³/s)
	최고수위(EL.m)	197.4			
PMF	유입량(m³/s)	20,715	최고수위 (EL.m)	200년	EL.197.42m
	첨두방류량(m³/s)	14,225		PMF	EL.200.50m
	최고수위(EL.m)	200.5			

소양강댐 운영방안을 살펴보면 200년 빈도 유입량 발생 때 홍수위가 제한수위(EL.190.3m) 이하일 경우 방류를 시작하고 홍수위가 제한홍수위(EL.190.3m)를 초과할 경우 방류를 시작하고 홍수위가 계획홍수위(EL.198.0m) 이하에서 방류능력이 5,500m³/s를 초과하더라도 5,500m³/s로 제한하도록 되어 있다.

200년 빈도 이상 및 PMF의 유입량 발생 때 계획홍수위(EL.198.0m)까지는 200년 빈도 운영방식과 동일하고 계획홍수위를 초과할 경우 댐의 안전을 위해 여수로 수문을 완전 열어 최대 방류(기존여수로 7,500m³/s, 보조여수로 6,700m³/s)를 하도록 되어 있다.

보조여수로를 설치하기 전 PMF 시 방류량은 7,600m³/s로 계획홍수위에 비해 수위가 1m 정도 높아진다.

그리고 보조여수로가 설치된 후 PMF 방류량에 해당하는 홍수량은 14,225m³/s로 이는 계획홍수위를 크게 상회하는 것으로 평균 홍수위가 증가하는 것으로 나타났다.

9.4.3 보조여수로 안전성 문제 제기

한국수자원공사가 2004년부터 소양강댐 보조여수로를 건설하던 중 2006년 9월 제1터널에서 암반 수천 톤이 무너지는 등 3차례의 낙반사고(굴 내부 붕괴사고)가 발생했다. 한국수자원공사 자체 조사 결과 터널 붕괴는 취약한 지반과 터널에 적합하지 않은 지질이 1차 원인인 것으로 알려졌다

소양강댐 보조여수로 공사는 착공된 지 6년 만인 2011년에 마무리돼 수문학적 안전성을 확보하게 됐다. 가능최대강수량이 기존 632mm

에서 810mm로, 홍수량은 초당 1만 2,392m³에서 2만 715m³로 높아졌다. 댐 최고 수위는 종전 203.90m에서 200.50m로 낮아졌다. 보조여수로의 관심사는 '물폭탄'을 머리에 이고 사는 댐 하류지역 주민의 안전이다. 보조여수로는 댐의 안전성과 직결된다. 여수로가 없는 상태에서 댐 상류에 이틀간 810mm의 폭우가 내릴 경우 댐의 정상을 0.9m가량 넘치게 된다. 소양강댐은 사력댐이어서 월류현상이 발생하면 걷잡을 수 없는 위험에 빠져들 수 있다.

문제는 댐 하류지역이다. 터널 2개로 이뤄진 여수로로 물을 방류하면 하류의 제방이 수압을 견딜 수 있겠느냐는 지적이다. 소양강댐의 수문을 통해 기존에는 초당 7,500m³의 물이 빠져나갔지만 초당 6,700m³를 방류할 수 있는 보조여수로가 완공돼 방류 규모는 초당 1만 4,200m³로 늘어난다. 그만큼 제방에 무리가 간다. 제방을 넘치는 것은 물론 강한 수압이 이전보다 10시간 이상 영향을 주게 된다. 하지만 이 부분에 대한 보완책은 수립되어 있지 않은 실정이다.

연세대학교 조원철 교수는 가능최대 강우량이나 가능최대 홍수량을 가지고 설계를 하고 있는데 그 규모가 상상을 초월하고 그런 상황에서 비상여수로가 수압 등에 안전하게 견딜 가능성이 매우 낮다고 분석하고 있다.

부산대학교 지질학과 황진연 교수는 소양강댐 보조여수로 지역의 지질학적 구조로 볼 때 추가 붕괴 가능성을 경고했다. 여수로 부근의 지질이 물과 접촉하면 팽창하는 평윤성 물질이 2차, 3차 붕괴사고를 가져올 수 있고 여수로 방류 때 수압을 견딜 수 있다고 장담할 수 없다고 주장했다. 만약 여수로 붕괴사고가 발생하면 댐이 붕괴되는 것과 비슷한 침수피해 불가피하다고 연세대 조원철 교수는 진단하고 있다.

9.4.4 보조여수로 방류 때 침수예상도

달라진 강우 패턴에 따라 댐을 보호하기 위해 만드는 보조여수로
는 또 다른 문제를 안고 있다. 즉 댐 하류 지역에 대한 대비책이 전혀
없다는 것이다. 보조여수로가 가동이 되었을 때 댐 자체는 안전할 수
있지만 하류 하천은 물폭탄을 맞게 된다.

한국수자원공사의 비공개자료인『소양강댐 비상여수로 하류 하천
영향 평가 보고서』를 분석해봤다. 소양강 유역에 하루 810mm의 비가
오면 보조여수로를 통해 초당 1만 4천 톤의 물이 하류로 쏟아진다.
이렇게 되면 아래쪽 제방은 여유고가 절대 부족해 터지거나 넘쳐 춘
천시 신북읍과 우두동 주택단지, 후평공단, 춘천 시내가 2시간 안에
완전 침수돼 엄청난 재앙이 발생하는 것으로 나타났다.

댐 하류 하천은 확장이나 보강공사도 하지 않고 그대로 둔 채 보조
여수로를 설치하는 것은 하류의 침수 피해를 가중시키는 결과를 초
래한다. 소양강댐을 설계한 일본공영은 하류에 영향을 줄 수 있는 보
조여수로는 바람직하지 않다는 보고서를 냈다. 관동대학교 토목과 박
창근 교수도 보조여수로를 만들게 되면 댐 하류에 있는 하천들은 또
다른 홍수 위험에 노출되고 이런 악순환이 계속되기 때문에 대형 댐
들의 보조여수로는 하류의 홍수에 아무런 대비책도 되지 못한다고 지
적했다. 그러나 한국수자원공사는 보조여수로 공사를 강행하고 있다.

9.4.5 PMF 방류 때 비상대처계획

소양강 유역의 이상강우로 인한 PMP 강우가 발생해 PMF 방류 시

에는 소양강댐 하류의 인명과 재산피해가 예상돼 비상대처가 불가피하다.

최근 전 세계적으로 엘니뇨(El Nino) 및 라니냐(La Nina) 같은 기상이변에 따른 대규모 호우가 빈번하게 발생하고 있으며 대규모 지진 등으로 많은 인명과 재산피해가 발생하고 있다. 우리나라에서도 최근 태풍 루사 때 강릉지역에 예상하지 못했던 엄청난 피해가 발생해 비상대처계획이 사전에 수립돼야 할 필요성이 대두되고 있다.

댐에서 비상상황이 발생했을 때 댐 하류 주민들을 안전하게 보호하고 피해를 최소화할 수 있는 대처계획이 사전에 수립돼야 한다.

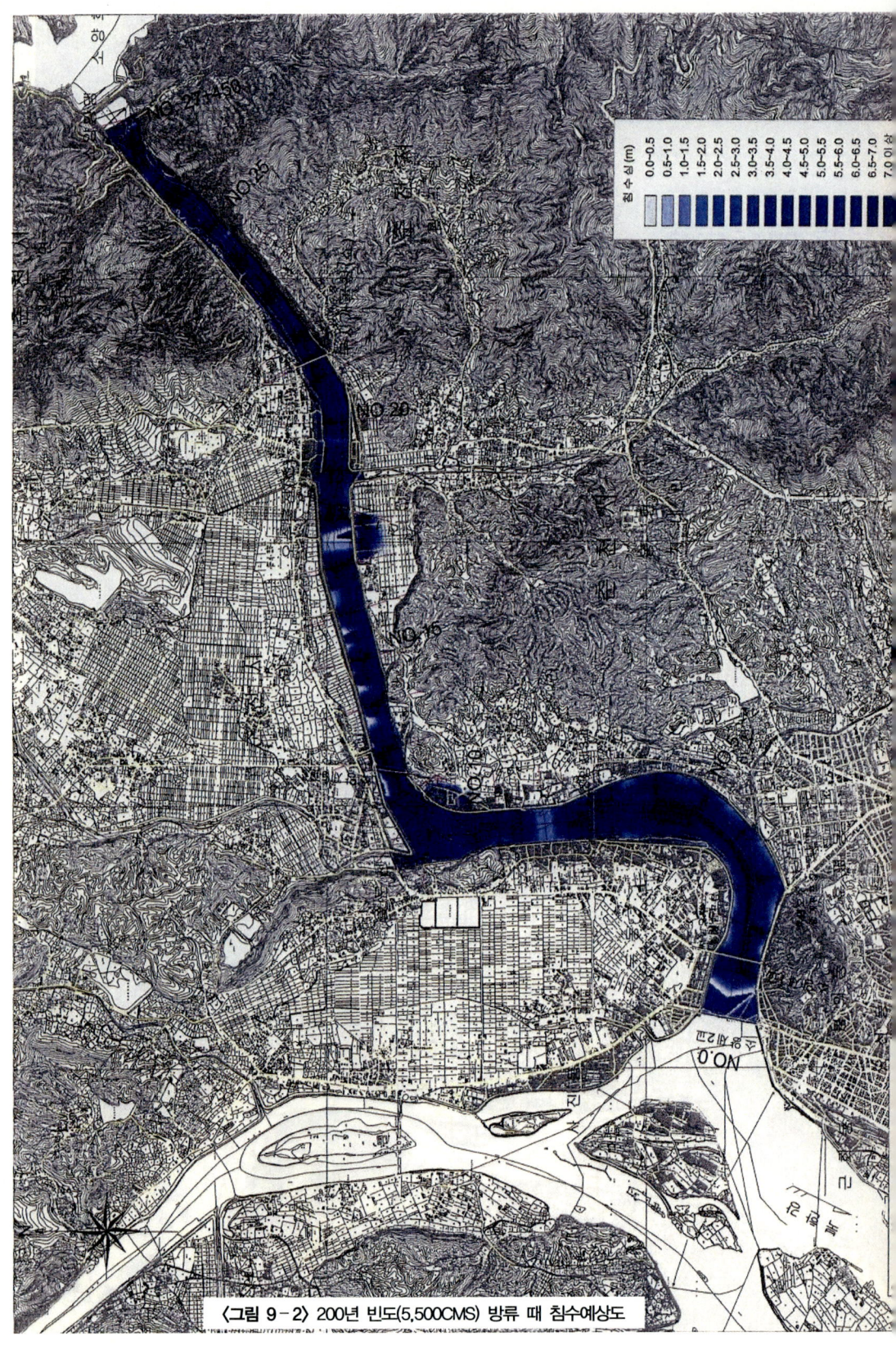

침수심(m)

0.0-0.5
0.5-1.0
1.0-1.5
1.5-2.0
2.0-2.5
2.5-3.0
3.0-3.5
3.5-4.0
4.0-4.5
4.5-5.0
5.0-5.5
5.5-6.0
6.0-6.5
6.5-7.0
7.0 이상

〈그림 9-2〉 200년 빈도(5,500CMS) 방류 때 침수예상도

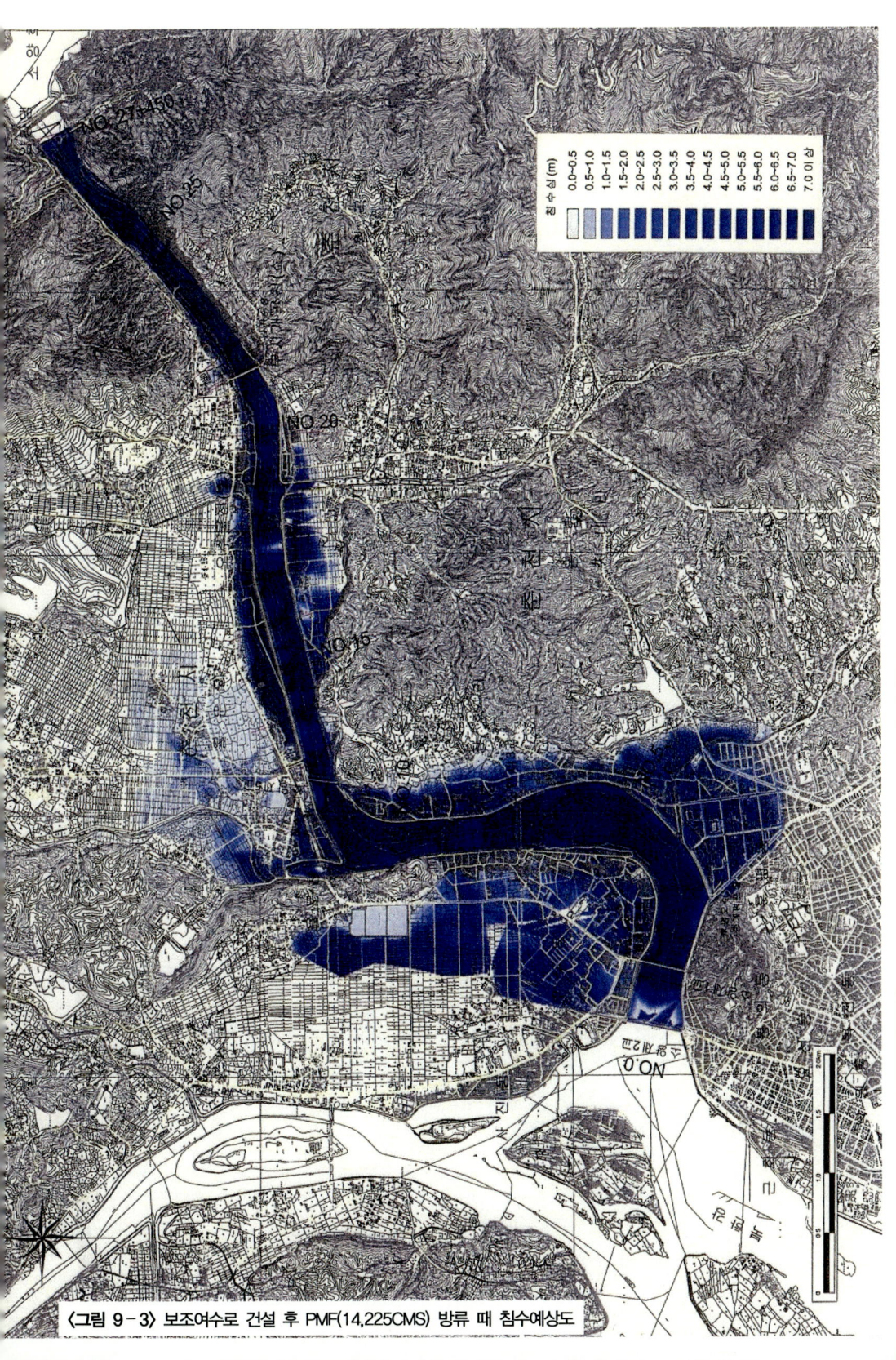

침수심 (m)
0.0-0.5
0.5-1.0
1.0-1.5
1.5-2.0
2.0-2.5
2.5-3.0
3.0-3.5
3.5-4.0
4.0-4.5
4.5-5.0
5.0-5.5
5.5-6.0
6.0-6.5
6.5-7.0
7.0 이상

〈그림 9-3〉 보조여수로 건설 후 PMF(14,225CMS) 방류 때 침수예상도

따라서 댐의 정확한 상황파악과 비상연락체제, 대처활동 등에 대한 중앙정부와 지방자치단체, 댐 운영자, 관계기관 등의 역할과 업무구분, 주민들의 신속한 대피를 위한 대피지도 등이 포함된 비상대처계획을 수립해 대응함으로써 댐 하류 범람 예상지역 내 주민들의 생명과 재산을 보호해야 한다.

댐의 비상대처계획은 사전에 주민들에게 홍보돼 댐의 비상상황 시 신속하게 대처해야 한다. 이를 위해서는 정기적인 훈련과 교육이 필요하고 기후변화에 따른 비상대처계획의 정보와 내용을 해마다 수립해야 한다.

또 댐 관리공단으로부터 비상상황 통보를 받은 각 시·군 재해대책본부는 관할 시·군·구 재해대책본부에, 시·군·구 재해대책본부는 각 읍·면·동 및 수방단에 지시해 유관기관인 경찰서, 소방서 등의 협조를 받아 주민들을 대피장소로 안전하게 대피시켜야 한다.

9.5 홍수범람위험도 공개 안 해

우리나라 홍수범람도는 1999년 대통령직속 수해방지대책기획단의 『수해방지 종합대책』 백서에 의해 제작지침이 결정됐다. 그리고 2002년까지 건설교통부와 한국수자원공사 공동으로 홍수범람위험도를 한강유역 대상으로 시범제작을 추진하여 『홍수지도 제작지침』(건설교통부, 2001)을 발간했다.

홍수지도(홍수범람도) 제작지침상에서 홍수지도란 "홍수가 빈번하게 발생되는 지역이나 홍수에 의해 피해가 막대할 것으로 예상되는 지역에 대해 GIS를 이용하여 각종 공간정보를 구축하고 구축된 자료를 이용해 수리·수문분석을 실시하여 대상지역에 대한 빈도별 범람 구역을 모의하여 표현한 지도이다"라고 정의하고 있다.

홍수범람위험도는 홍수에 의한 피해발생이 예상되는 지역의 빈도별 홍수량에 대해 월류, 제방파괴, 내수배제 불량 등 각종 침수발생 시나리오를 적용, 수리모형을 이용한 가상범람 해석을 실시해 침수범위, 침수심, 침수시간 등의 범람해석 결과를 지도상에 나타낸 것이다.

그러나 정부는 댐별 홍수범람위험도를 세밀하게 작성해 놓고도 인근 지역 주민들에게 절대 공개하지 않고 있다. 특히 지방자치단체들은 홍수범람도를 의무적으로 비치하고 긴급 상황이 발생하면 비상대책 지침에 따라 주민들을 대피시키는 등 안전조치를 해야 하지만 홍수범람도가 있는지조차 모르고 있는 것이 현실이다.

9.6 홍수에 취약한 충주댐, 보조여수로는 후순위

충주댐의 총저수량은 27억 5천만 톤, 계획홍수위는 145m, 정상표고는 147.5m인데 집중호우에 매우 취약하다.

2006년 7월 14일 홍수 때 오후 4시부터 충주댐 6개 수문을 모두 열었다. 그럼에도 계속된 비에 15일 08시, 최고 수위 144.01m를 기록했다. 수문개방은 23일 20시까지 계속됐으며 이 기간 동안 방류량은 27억 5천만 톤으로 충주댐 저수량과 동일했다. 당시 하류지역인 여주는 범람위기를 겪어 저지대 주민들이 긴급 대피했고 방류가 하루만 더 계속됐다면 피해는 상상을 초월했을 것이다.

〈그림 9-4〉 충주댐 전경

충주댐 하류인 여주지역 등은 1972년 최악의 침수피해를 겪은 것을 비롯해 1990년 범람위기와 2002년 태풍 루사 때는 댐 위로 물이 넘쳤다. 발이 젖을 정도의 미미한 월류(越流: 둑 위로 넘치는 상태)였지만 당시 충주시는 댐이 무너질지 모른다는 공포에 휩싸였다.

한국수자원공사는 충주댐은 콘크리트 중력식 댐으로 월류해도 무너질 가능성이 적다고 하지만 장담할 순 없는 것이 연천댐도 콘크리트댐이었지만 물이 넘치자 댐체 옆의 산자락 흙이 깎여나가면서 불과 30분 만에 붕괴됐다.

충주댐은 71년 설계 당시 PMP(48시간 기준)가 510mm에서 2004년 598mm로 17% 증가했다. PMF(가능최대홍수량)도 71년 26,680톤/초에서 2004년에는 35% 증가한 35,950톤/초로 재산정됐다.

그런데도 보조여수로 설치계획은 후순위로 밀려 있다. 보조여수로 공사를 위해서는 댐 사면을 굴착해야 하는데 그럴 경우 사면의 붕괴

위험 때문에 보조여수로를 설치를 위한 치수능력증대사업 계획도 수립하지 못하고 있다.

충주댐의 안전을 위해 보조여수로를 설치해 한강 수계로 물을 내보낼 경우 하류지역은 엄청난 침수피해를 입을 수밖에 없다. 또 유사시 경안천으로 홍수로를 설치해 물길을 돌리는 비상수단을 제시하지만 이 역시 광주, 용인 등이 물바다가 된다. 전문가들은 충주댐의 지역적 특성상 보조여수로 설치가 침수피해를 키울 수 있고 보조여수로를 설치하지 않으면 댐의 안전에 문제가 발생하는 만큼 근본적인 대책수립이 시급하다고 지적하고 있다.

PMF(최대가능홍수량)로부터 저수지 홍수추적을 실시한 결과 충주댐은 최고수위가 150.31m로 댐 마루높이 148.0m를 초과해 월류하는 것으로 나타났다.

홍수조절용량을 유역면적으로 나눈 유역비 홍수량이 북한강 수계는 70.3mm, 남한강 수계는 48.2mm로「하천설계기준(건설교통부, 2000)」의 홍수방어계획에서 제시한 100mm 이상이 바람직한 점을 고려할 때 매우 낮은 수준이다.

9.7 폭우에 속수무책 회야댐

회야댐은 울산지역의 각종 용수를 공급하기 위해 1982년 12월에 착공해 1986년 5월에 높이 31.5m, 유효저수용량 1,330만m³, 최대방류량 1,632m³/s의 록필댐으로 건설됐다. 그레이스 태풍 때 저수위는 계획 홍수위(EL.35.55m)에 근접하는 EL.34.77m까지 상승해 댐의 안전성을 확보하기 위해 유효저수용량을 1,770만m³으로 증가시키고 최대방류량을 2,207m³/s로 증대시키기 위해 여수로 웨어의 월류표고를 1.8m 제고시키고 웨어폭을 240m로 확장시켰다. 또한 방수로 하류부의 직선형 웨어를 방수로 상류부로 옮기면서 부채꼴 웨어로 변경시켰다.

<표 9-3> 회야댐 저수지 특성

구 분		설계당시	변 경	비 고
총 저수량(만m³)		1,707	2,153	446만m³ 증
유효저수량(만m³)		1,330	1,770	440만m³ 증
계획홍수위(m) (200년 빈도)		EL.35.55	EL.34.30	댐 중심 점토표고 EL.35.0
최대유입량(m³/s)		2,272		
최대방류량(m³/s)		1,632	2,027	395m³/s 증
만수위(m)		EL.30.0	EL.31.8	H=1.8m 상승
방수로	Weir 위치	방수로 하류부	방수로 상류부	
	Weir 표고	EL.30.0	EL.31.8	H=1.8m 제고
	Weir 폭(m)	B=65	B=240	B=175m 확폭

▶ 자료: 홍수조절기능을 가진 농업용저수지 여수토 방수로의 수리설계방안(한국농촌공사)

2008년 8월 울산 웅상지역에 시간당 70여mm의 폭우가 쏟아졌다. 기상관측 사상 최대 강우량이었다. 웅상지역은 회야댐과 멀지 않은 곳으로 만약 이 정도 폭우가 회야댐 상류에 내린다면 어떻게 될까?

필자는 영남대 토목공학과 지홍기 교수팀과 함께 회야댐이 어느 정도의 홍수에 견딜 수 있는지를 시뮬레이션해 봤다.

회야댐 유역의 최대 가능 강수량은 하루 750mm인데 회야댐은 하루 600mm의 비에도 물이 넘치는 것으로 조사됐다. 회야댐 붕괴되면 최대홍수량은 $Q_{max}=22,258m³/s$이며 회야댐의 저수량과 유역면적이 적기 때문에 하류하도에 전파되는 홍수파의 전달 시간이 짧아 1시간 30분 만에 홍수파와 최고 홍수위에 도달하는 것으로 나타났다.

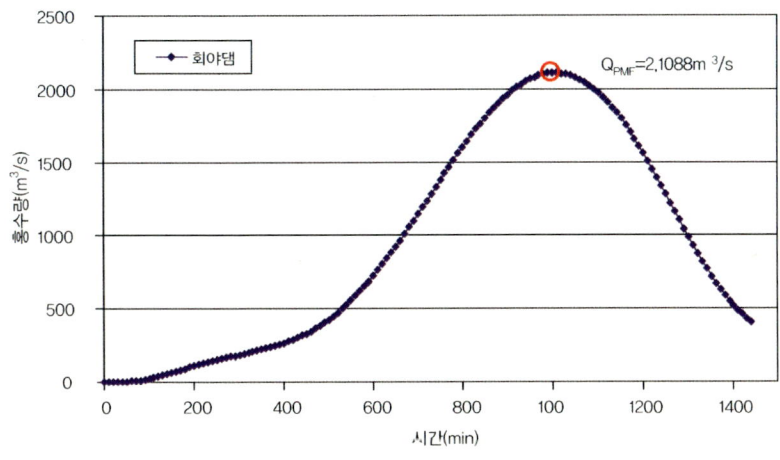
〈그림 9-5〉 회야댐의 댐 파괴 유입홍수량

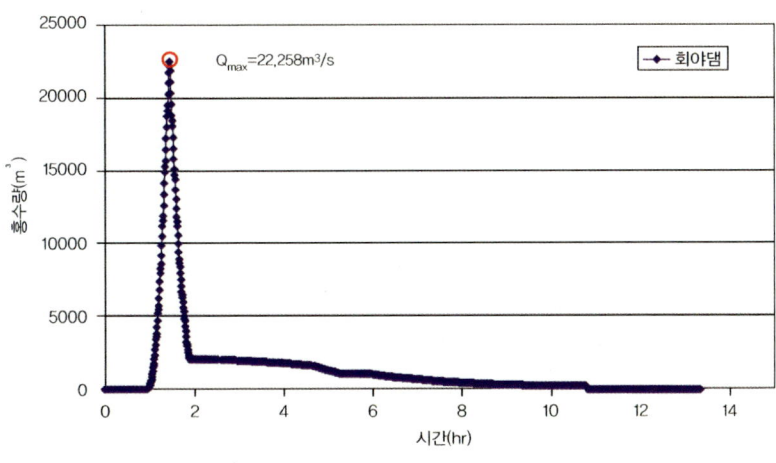
〈그림 9-6〉 회야댐 붕괴 시 홍수수문곡선

  만약 2008년 8월 울산 웅상지역에 내렸던 시간당 70여mm의 폭우
가 회야댐 상류에 쏟아졌다면 댐은 붕괴됐고 이 같은 가능성은 언제
든지 일어날 수 있다는데 문제의 심각성이 있다. 홍수에 의한 월류로

회야댐이 붕괴되는 데 걸리는 시간은 50여 분에 불과하고 바로 아래 마을인 망향리 수천세대는 댐 붕괴 5분 후에 완전 침수되는 것으로 분석됐다.

그리고 1시간 34분이 지나면 온산읍 전체와 온산공단을 휩쓸며 엄청난 인명과 재산피해를 입히고 동해로 흘러들면서 이 일대는 아수라장이 되는 것으로 나타났다.

그러나 댐을 관리하는 울산시는 회야댐이 어느 정도의 강우에 붕괴 될 수 있는지 단 한 번도 검토해 본 적이 없다.

회야댐은 치수능력 증대사업의 일환으로 방수로(여수로)를 대폭 확장했으나 600mm 이상의 극한강우에는 댐의 붕괴가 불가피한 것으로 분석됐다.

지금까지 댐 저수지 붕괴 및 홍수범람모의 분석결과 저수지 유역이 작고 저수용량이 적은 경우라도 극한홍수 때 저수지 붕괴로 인한 하류지역의 침수피해는 짧은 시간에 발생해 비상대처계획(EAP)의 수립이 시급하다. 또한 댐 저수지 하류의 도시와 주요 산업시설 등이 위치한 경우는 국가의 안보차원에서 방재계획이 수립되고 시민이 대피할 수 있는 EAP 수립과 그 매뉴얼 작성 및 정기적인 모의훈련 등이 실시돼야 할 것으로 판단된다. 홍수에 취약한 회야댐 대책 없이 방치돼 있다.

수자원공사가 관리하는 댐은 집중호우에 대비해 비상여수로 공사를 추진, 댐의 안전은 어느 정도 담보될 수 있지만 비상여수로를 통해 물을 내 보낼 때 하류 하천은 상상을 초월하는 침수피해가 불가피하다.

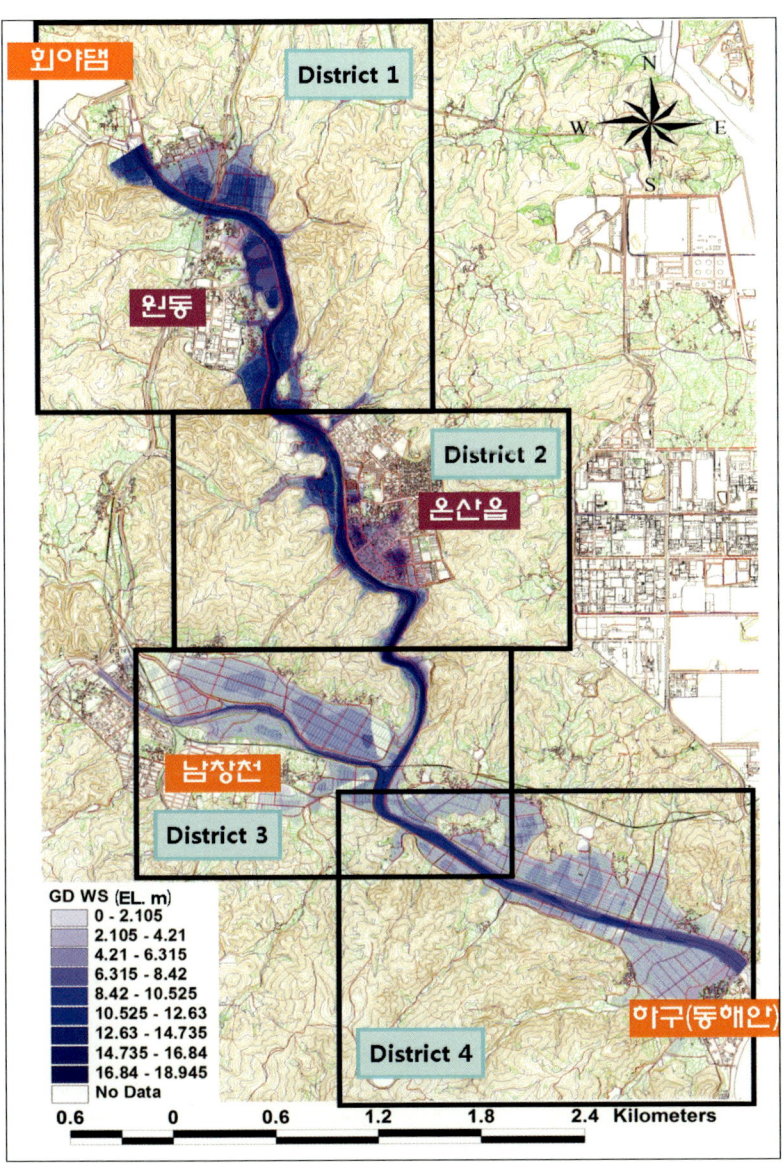

〈그림 9-7〉 회야댐 붕괴 때 홍수범람도

댐의 붕괴는 막을 수 있겠지만 하류 하천은 물난리, 문제는 하천폭을 넓히는 등 연계대책이 세워지지 않아 큰 걱정이다. 특히 지방자치단체와 한국농어촌공사가 관리하는 댐은 비상여수로 공사마저 계획하고 있지 않아 머지않은 장래에 댐 월류로 인한 붕괴사고가 불가피할 것으로 보인다.

제10장 우리나라의 하천

    하천은 홍수 조절과 물이용, 전력 생산 등을 위한 댐 개발, 하천정비와 관개 사업, 도시 중소하천의 복개 등 치수(治水) 및 이수(利水) 위주의 하천사업이 시행돼 왔다. 그 결과 홍수의 위협과 물 부족 현상은 상당부분 해소됐지만 하천의 획일적인 직선형 수로, 수질오염 등으로 자연생태 기능이 상실되는 등 하천환경이 악화됐다.

    우리나라는 1970년대 이후부터 하천 환경성을 복원하는 방향으로 하천정비가 추진되고 있으며 2000년대에 들어 하천 환경에 대한 의식이 높아지면서 국가와 지방자치단체를 중심으로 하천생태계복원과 홍수예방 등을 위한 친환경하천조성사업이 진행되고 있다.

10.1 하천정비 현황

북한을 제외한 우리나라에서 유역면적과 연평균유출량을 기준으로 보면 한강이 유로연장을 기준으로 보면 낙동강의 규모가 가장 큼을 알 수 있다. 그리고 10대 하천 중 유역 내 강수량이 가장 많은 곳은 섬진강으로 연평균 1,433mm를 나타내고 있다. 한편 유역별 하천 개소수는 낙동강이 785개로 가장 많다.

〈표 10-1〉 10대 하천의 유역면적과 유출량

구 분	유역면적 (km²)	간선유로연장 (km)	연평균유출량 (억m³)	연평균강수량 (mm)	하천개소수 (개)
한 강	25,954(35,770)*	494	160	1,208	703
낙동강	23,384	510	157	1,178	785
금 강	9,912	398	70	1,227	486
섬진강	4,912	224	41	1,433	284
영산강	3,468	137	28	1,336	170
안성천	1,656	60	11	1,189	103
삽교천	1,650	59	11	1,194	100
만경강	1,504	81	12	1,255	82
형산강	1,133	63	7	1,133	30
동진강	1,124	51	9	1,224	88

* ( ) 안은 북한 지역을 포함한 한강의 유역면적임.

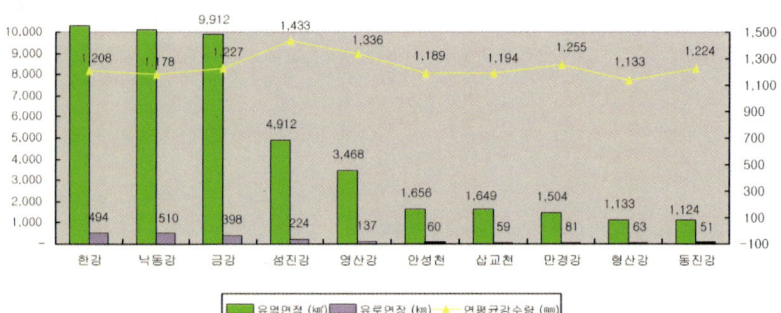

▶ 자료: 1. 한국하천일람 2007(국토해양부); 2. 수자원장기종합계획(국토해양부)

〈그림 10-1〉 유역별 유로연장과 강수량 비교

10.2 하천 유량변동계수 비교

우리나라 하천은 외국의 주요 하천에 비해 최대유량과 최소유량의 격차가 매우 커 연중 하천에 흐르는 수량 변동이 심하다. 다목적댐이 건설되기 전에는 4대강 평균치가 300 이상이었던 점은 하천의 물이용 여건이 유럽이나 다른 외국에 비해 상대적으로 열악함을 단적으로 말해 준다.

또한 우리나라 하천유역에는 산지가 많아 홍수기에는 비가 내린 후 1~3일 이내에 상류의 물이 하구에 도달하므로 이수 측면에서 보면 강수 특성상 홍수기에 집중되는 강우를 모아 갈수기 동안 사용할 수 있는 합리적인 방안을 모색할 필요가 있다.

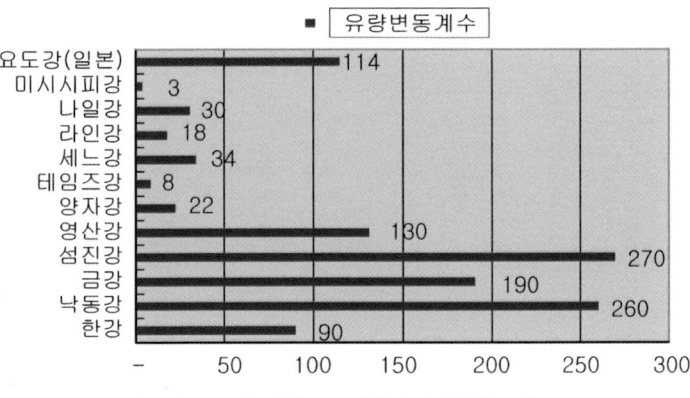

〈그림 10-2〉 세계 주요하천 유량변동계수 비교

〈표 10-2〉 세계 주요하천의 유량변동계수

하천명	유량변동계수	하천명	유량변동계수
한 강	90(390)	템스강	8
낙동강	260(372)	센강	34
금 강	190(300)	라인강	18
섬진강	270(390)	나일강	30
영산강	130(320)	미시시피강	3
양자강	22	요도강	114

※ 1. 하천 유량변동계수는 해당하천의 최대유량과 최소유량의 비로 표시됨
   2. ( )는 댐에 의한 홍수 조절을 하기 전의 유량변동계수임
▶ 자료: 1. 수자원장기종합계획(국토해양부, 2006. 7); 2. 1998 수자원편람(일본수자원협회, 1998); 3. 재해극
복 30년사(중앙재해대책본부, 1995)

10.3 바람직한 댐 하류 하천 정비사업

10.3.1 하천관리 실태

　홍수유출을 저감시키기 위해 유역의 저류기능을 강화시킬 수 있는 댐 건설은 이수적인 측면에서 안정적인 용수공급을 보장해주는 수단으로 겸용되어 왔으며 특히 다목적댐이 건설되면서 하도의 첨두홍수유출량이 크게 줄었다.

　하천의 첨두홍수유출량 감소는 댐 하류의 하천환경을 크게 변화시켜 하상변동, 하도식생역 확대 등 새로운 하천환경문제를 야기하고 있다. 하천구역 내 경작, 하상주차장 입지 등도 홍수 때 하천 통수능력을 감소시켜 댐 운영은 물론 하천의 수질과 생태적 기능에 장애를 주는 주요 요인으로 발전하게 되었다.

　최근에 하천관리와 정비는 패러다임 변화로 과거의 제방위주 치수

대책에서 전환해 생태, 경관, 문화 측면도 함께 고려하는 대전환을 맞이하고 있다.

이에 따라 댐 하류 하천구간에 대해서도 치수 운영상 제약요인과 수질오염 및 생태·경관훼손 등 하천 고유기능의 장애를 초래하는 요인들을 해소하고 하천의 역사·문화적 기능을 제고하고자 댐 하류 하천정비사업이 시행되고 있으며 이에 대한 올바른 방향 제시가 필요한 실정이다.

10.3.2 댐 하류 하천성비사업과 기본방향

댐 하류 하천정비사업은 한국수자원공사가 관리하는 소양강댐 등 22개댐 하류하천(350km, 다목적댐 16개소, 용수전용댐 6개소)을 대상으로 국가 홍수관리 목표의 적기 달성을 위한 공기업의 투자와 역할 확대 요구에 따라 2007년 착수해 2015년까지 추진예정으로 댐 하류 하천 홍수피해 경감과 댐 홍수조절능력 회복 등 치수적 안정성을 기반으로 하천의 생태, 문화적 잠재성을 적극적으로 발굴 제시함을 기본방향으로 하고 있다.

10.3.3 댐 하류 하천의 유지관리방안

하천의 유지관리는 하천 본래의 기능인 치수기능과 이수기능, 환경·생태기능을 유지할 수 있도록 하는 기술·행정·제도적 활동이라 할 수 있다.

하천 유지관리의 기본방향은 인간과 자연이 조화를 이루는 합리적인 하천 유지관리의 실현이다. 따라서 하천의 유지관리에 대한 체계적인 구축방안과 함께 하천 유지관리의 전문성을 제고시켜야 하며 안정적인 하천관리를 위한 재원확보 등이 필요하다.

댐 하류 하천정비사업은 현재 한국수자원공사에서 담당하고 있으나 하천공사 완료 후 유지관리는 하천관리청에서 맡고 있어 시설물의 책임문제를 놓고 분쟁의 소지가 많다. 또한 하천 시설물은 지속적인 보수점검이 필요하기 때문에 댐 하류 하천구간에 대해서는 계획수립 단계에서부터 유지관리까지를 댐 관리자로 일원화하는 방안 검토가 필요하다.

댐 직·하류 하천 구간에 대해 계획단계에서부터 공사와 유지관리를 댐 관리자로 일원화했을 때 예상되는 효과는 다음과 같다.

① 홍수기 때 댐의 홍수조절능력 극대화
② 갈수기 때 하천유량 및 댐 운영의 최적화
③ 하천조사, 계획수립, 유지관리 일원화로 명확한 책임범위 가능
④ 기타 하천공간조성에 대한 Guide Line 수립으로 사주·식생 등
　　변형된 하천생태환경의 종합적인 모니터링 및 처리방안 제시
⑤ 사전점검 및 예방위주 보수·보강으로 예산절감

현재 하천관리는 지방자치단체마다 차이가 있으나 대부분 청원경찰이나 공익근무요원이 담당하고 있는데 전문성 결여로 하천관리가 어려움을 겪고 있다. 따라서 댐 하류 하천은 댐 운영자가 담당함으로써 댐과 하류하천을 종합적이고 체계적으로 관리할 수 있다.

10.3.4 결론

댐은 홍수 때 유량조절을 통해 수력발전, 관개 등에 이용함으로써 수자원의 이용률을 높인다. 그러나 댐 건설로 인해 하류하천에 홍수기 때 첨두홍수량이 감소하고 지속적인 유량공급으로 갈수기 때 저유량이 증가하는 등의 급속한 유황변화가 발생한다. 이러한 유황변화는 하도 내 사주의 식생활착, 침식, 소멸 등의 변화를 초래하고 저수로의 형태를 변화시켜 하천을 서식처로 하는 생물뿐만 아니라 제방과 취수장, 교량 능의 하천시설물 등에도 많은 엉향을 미치게 된다.

이러한 댐 운영으로 인한 하류하천의 영향에 대해 세계적으로 다양한 연구가 진행 중이지만 영향정도를 정량적으로 평가, 분석하기에는 많은 어려움이 있다. 국내에서는 댐 하류하천 영향권 범위 설정에 대한 연구사례가 부족하고 정형화된 영향권 범위 설정이 없는 실정이다.

따라서 적극적인 기술개발과 연구를 통해 댐과 연계한 유역내의 홍수방어 대책을 다양화해 홍수로부터의 안전성 확보는 물론 하천의 생태적 건전성, 접근성과 친수성이 강화된 하천정비사업을 추진하고 나아가 적절한 하천유지유량 공급을 위한 이수적인 대책과 지속적인 모니터링으로 미래지향적이고 모범적인 하천관리의 표준모델을 지향해야 할 것이다.

제11장 댐의 안전관리 실태

　미국의 티톤(Teton)댐은 높이 405피트의 중앙심벽형 록필댐으로 1975년에 완공되었으나 1976년 파괴돼 많은 인명과 재산상의 피해를 가져온 악명 높은 댐으로 이 붕괴 사고는 댐 건설공학자나 유지·운영 관계자들에게 반면교사가 되고 있다. 우리나라 댐의 초대형 참사는 지금까지 발생한 적이 없지만 국지성 호우 증가와 댐의 노후화 등에 의한 위험인자가 증가하는 것은 사실이다.

11.1 우리나라 댐 현황 및 문제점

　우리나라에는 18,000여 개의 저수지와 댐이 있으며 이중 대댐은 1,200여 개에 이르고 있지만 관리주체가 분산돼 통일된 안전관리 법제도와 정보체계가 미비하다. 또 전국의 저수지 중 56%가 건설된 지 60년이 넘은 노후 시설물로 구조적 불안정성과 함께 붕괴 위험이 높지만 방치돼 있다.

저수지와 댐 안전성 확보를 위해 종합적인 유지관리계획과 천재지변 등 이상강우에 의한 붕괴에 대비한 비상대처계획의 수립이 시급하다. 이와 함께 저수지 운영기록을 의무적으로 공개하고 이수목적 저수지라도 치수능력 확대를 위한 수문 설치와 효율적인 저수지 운영기법을 연구개발해야 한다.

11.2 탐사에 의한 댐 안전진단

필자는 2008년 댐 전문안전진단업체에 의뢰해 울산 회야댐과 화산 저수지, 송정저수지를 대상으로 전기비저항 탐사와 표면파(MASW) 탐사를 실시했다.

댐의 연약대와 누수구간 파악을 위한 탐사로써 차수벽에서의 누수 여부 및 기반암에서의 누수 여부를 전기비저항값의 변화로 나타내 댐체 또는 제방의 안정성에 문제를 정밀조사했다.

11.2.1 전기비저항 탐사원리

지구의 내부를 이루고 있는 암석들은 암석의 공극률, 공극내의 유체의 성질, 유체의 포화도(saturation), 조암광물의 종류, 암석 구성 입자의 크기 및 성질, 암석의 고화도, 점토광물의 존재 여부 등 암석 자체의 성질과 파쇄대, 균열대, 단층 등의 외부적인 요인에 의해 각각 다른 전기비저항값을 갖는다. 전기비저항 탐사에서는 이러한 지하의 전기비저항 분포를 알아내 지하구조를 규명한다.

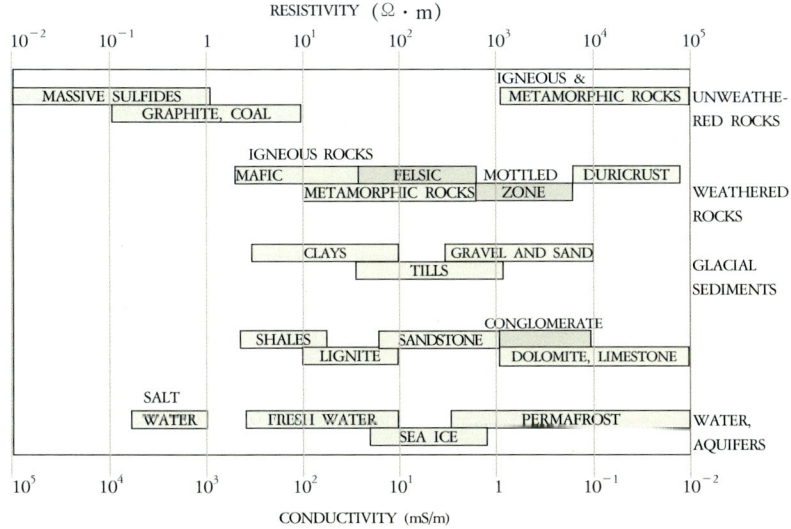

〈그림 11-1〉 주요 암석의 전기비저항

전기비저항 탐사는 지하에 일정한 전류를 흘려보낸 후 전위차를 측정해 겉보기 비저항을 구하고 이를 해석해 지하의 지질구조, 파쇄대나 균열대, 지하수의 분포를 파악하는 탐사방법이다.

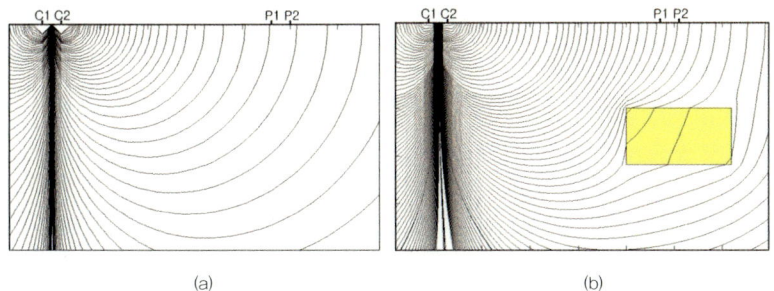

〈그림 11-2〉 균질(a) 및 비균질(b) 매질에서의 전류 및 등전위선 분포

11.2.2 MASW(Multi-channel Analysis of Surface Wave) 탐사원리

표면파는 모든 탄성파 탐사에서 쉽게 발생하고 지하의 S파 속도구조에 따라 위상속도(phase velocity)가 달라지는 분산성질을 나타낸다. 이 분산곡선을 역산해 지반의 S파속도 Vs를 구하려는 연구가 80년대 이후 활발히 진행되고 있다.

대부분의 표면 탄성파 탐사에서 압축파 음원을 사용하였을 때 발생되는 총 탄성파에너지의 2~3배보다 많은 그라운드 롤(ground roll)의 중요 성분인 레일리파가 첨가된다(Richart et al., 1970). 수직 속도의 변화를 생각해 보면 표면파 각각의주파수 성분은 각각의 독특한 주파수(f) 성분에서 다른 진행 속도(위상속도, C_f라 불리는)를 갖는다. 이런 독특한 특성은 각각의 주파수에 대해 다른 파장(λ_f)으로 진행하는 결과에서 생긴다. 이 특성을 분산(dispersion)이라 부른다.

MASW 탐사는 현장시험으로 그라운드 롤(ground roll) 자료를 획득한 후 이 자료를 가지고 분산곡선(dispersion curve), 즉 위상속도(phase velocity) 대 주파수(frequency)의 관계를 그려 최종적으로 계산된 분산곡선으로부터 반복적 역산(inversion)과정을 통해 횡파속도인 Vs 단면을 얻을 수 있다. 분산곡선을 계산하기 위한 주파수 영역의 접근(Park et al., 1998)은 충격(impulsive) 자료가 사용된다.

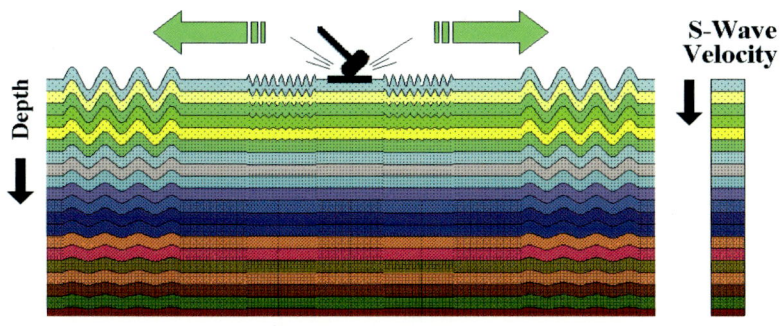

<그림 11 - 3> 표면파의 분산

11.3 전기비저항 탐사 결과

11.3.1 울산 회야댐

1986년에 완공된 울산 회야댐은 담수량 1,800만 톤의 Earth-Rockfill Dam 형식으로 울산지역에 식수와 공업용수를 공급하고 있으며 댐 하류에는 대규모 주택단지와 온산공단이 들어서 있다.

회야댐이 완공된 후 처음으로 실시하는 탐사로 댐체에 전류의 통과 속도를 측정, 비교해 댐 체의 균질성이나 안전성을 유추할 수 있는 방법이다.

탐사 결과 지표 내부에 최소 두 군데의 이상대가 발견되었다. 댐체에 누수 가능성이 있다는 것을 말해주는 것이다

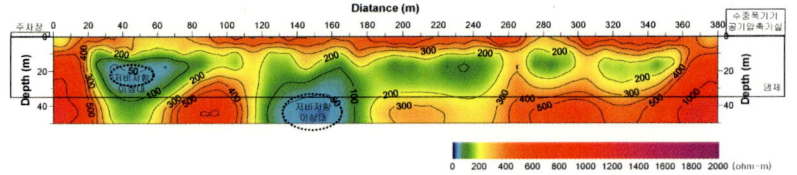

<그림 11 - 4> 회야댐 전기비저항 탐사결과(Dist. 0〜380m)

- 전반적으로 수평적인 전기비저항값의 분포를 보이지만 2곳에서 저비저항 이상대가 파악된다.

- 지표하부 5m 내외에서 분포하는 300ohm-m 이상의 수평층은 댐체 상부에서 다져진 자갈층의 영향으로 판단된다.

- 지표하부 5〜35m 구간에서 전반적으로 분포하는 200ohm-m 내외의 전기비저항값은 댐체 중심에 위치한 차수벽의 영향으로 판단된다.

- Dist. 30〜55m에서 관찰된 저비저항 이상대는 댐체에 분포하고 있는바, 차수벽 또는 댐체에 부분적인 이상이 존재할 가능성이 있다. 따라서 본 구간에서 누수가능성이 있어 주의를 요한다.

- Dist. 130〜165m에서 관찰된 저비저항 이상대는 댐체하부에 분포하는바, 댐체 자체의 이상보다는 기반암에서 지질이상대의 가능성이 있다. 따라서 댐체에서의 누수보다는 댐체 하부를 통한 누수의 가능성이 있다. 이는 장기적으로 댐체의 손상을 야기할 수 있어 주의를 요한다.

- 전기비저항 탐사에서 파악한 저비저항 이상대 구간은 육안관찰 시 누수가 파악되지 않은바, 현재 누수가 진행되지는 않고 있으나 누수의 가능성이 존재하는바 지속적인 관찰이 필요하다.

- 보다 정확한 누수구간 및 연약구간을 파악하기 위해서는 다른 조사(시추조사 및 기타 물리탐사 등)와 결과를 비교, 분석하여야 한다.

11.3.2 화산저수지

한국농어촌공사가 관리하고 있는 울산 화산저수지는 비교적 양호한 것으로 나타났다.

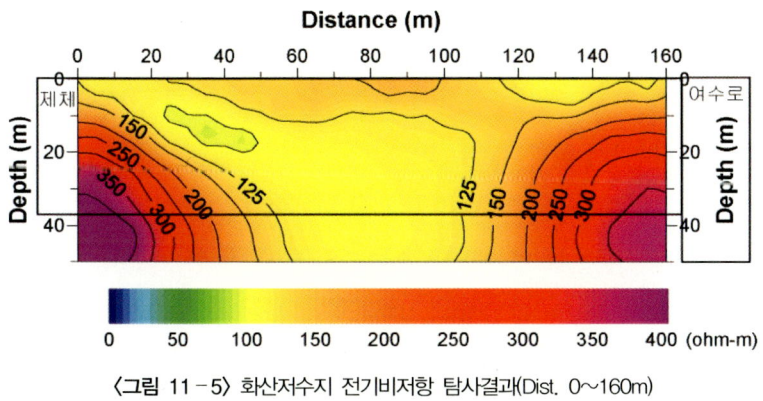

〈그림 11 - 5〉 화산저수지 전기비저항 탐사결과(Dist. 0~160m)

- 전반적으로 제체 양끝부분에서 상대적으로 높은 저기비저항 분포를 보이며, 제체 중심구간에서는 균일한 값을 나타내고 있다.
- 본 지역의 전기비저항 탐사결과 저비저항 이상대가 존재하지 않는다. 따라서 누수추정구간이 존재하지 않는 것으로 판단된다.

11.3.3 송정저수지

한국농어촌공사가 관리하고 있는 울산 송정저수지는 물넘이 근처의 댐체에 연약층이 발견돼 특별관리를 해야 한다는 결과가 나왔다.

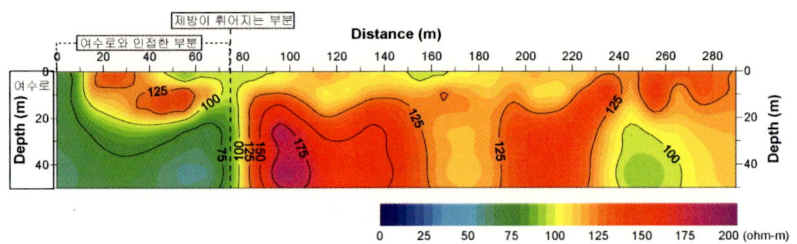

〈그림 11－6〉 송정저수지 전기비저항 탐사결과(Dist. 0~290m)

- 본 지역의 전기비저항 탐사 결과 저비저항 이상대가 존재하지 않는다. 따라서 현재 누수추정구간이 존재하지 않는 것으로 판단된다.
- Dist. 75m를 기준으로 여수로와 인접한 구간은 상대적으로 낮은 전기비저항 분포를 보이고 있다. 따라서 Dist. 75m까지 주의를 요한다.
- Dist. 240~265m 구간에서 100ohm-m 내외의 전기비저항값이 분포한다. 하지만, 제체의 연약대 또는 누수구간으로 추정하기에서 상대적으로 전기비저항값이 높다.

11.4 표면파(MASW) 탐사 결과

누수 사실 여부의 정확한 확인을 위해 감지기를 댐체 곳곳에 설치하고 특정부분에 충격파를 가해 진동의 이동 속도를 비교 댐의 상태를 파악하는 표면파 탐사를 실시했다. 결과는 전기비저항 탐사와 비슷했다.

11.4.1 회야댐

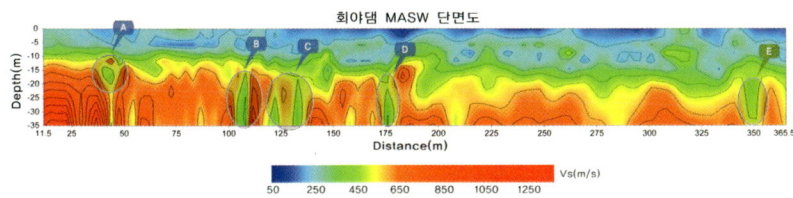

〈그림 11-7〉 회야댐 MASW 탐사결과(Dist. 11.5~365.5m)

- 대체적으로 수평적인 속도분포를 보이나, A, B, C, D, E에서 저속도를 갖는 이상대가 파악된다.

- 이상대는 거리 45m 지점의 15m 하부(A)에서부터 나타나기 시작한다. 차수벽이나 댐체에 존재하는 저속도 이상대로 연약대로 파악되며 누수의 가능성이 있을 것으로 판단된다.

- B, C, D의 이상대는 25m 하부에서 나타나는 저속도 이상구간으로 주변의 고속도대와 비교해 약 150~200m/s 정도 낮은 속도를 보인다. A의 이상대보다 심부에서 나타나는 저속도 이상구간으로 댐체뿐만 아니라 댐체 하부에까지 이상대가 이어져 있을 것으로 판단되며 따라서 댐체의 누수 또는 댐체 하부를 통한 누수의 가능성이 있을 것으로 판단된다.

- 댐체 하부의 기반암이 연약대일 경우 장기적으로 댐체의 손상을 야기할 수 있어 주의를 요한다.

- E의 이상대구간은 전기비저항탐사와 비교했을 때 누수에 의한 이상대로 판단되지 않으며 배수문이나 구조물에 의한 저속도대로 판단된다.

- 댐체의 누수는 육안으로 관찰되지 않아 현재 누수가 진행되고 있는지는 정확하게 알 수 없지만 누수의 가능성이 존재하므로 지속적인 관찰이 필요하다.
- 보다 정확한 누수구간 및 연약구간을 파악하기 위해서는 다른 조사(시추조사 및 기타 물리탐사 등)와 결과를 비교, 분석해야 한다.

11.4.2 송정저수지

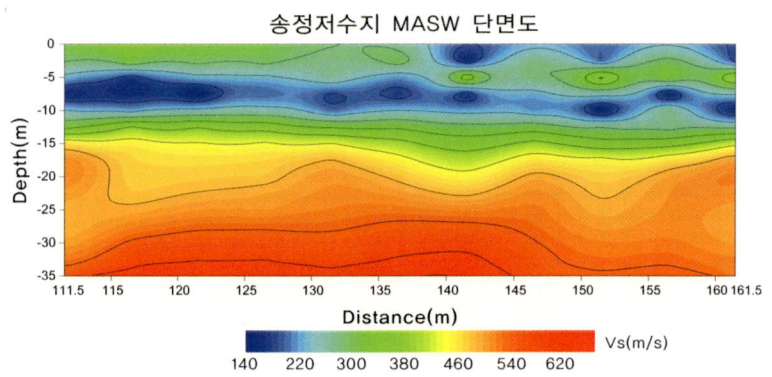

〈그림 11-8〉 송정저수지 MASW 탐사결과(Dist. 11.5~161.5m)

- 본 지역의 MASW 탐사결과, 저속도 이상대가 존재하지 않는 것으로 나타나며 현재 연약대 또는 누수추정구간이 존재하지 않는 것으로 판단된다.
- 지표하 0~5m 구간에서 5~10m 구간보다 빠른 속도가 나타나는 것은 다짐 또는 상부 자갈층에 의한 영향으로 판단되며 이상대로 판단되지 않는다.

• 거리 150m 구간 이후 지표 25m 이하에서 주변보다 약간 느린 속
도가 나타나지만 이상대로 판단되지 않는다.

11.5 댐의 부실시공과 지질학적 위험

11.5.1 안계댐

경주시 강동읍 유금리에 있는 안계댐은 1971년 완공됐으며 저수량
1천 765만m³의 공업용수 공급댐이다.

1986년 댐의 심각한 누수문제가 발생해 시추조사 결과 점토 심벽
허용투수계수가 기준치 초과했고 하류 법면에서 누수현상이 발생하
고 있었으며 코어 부분이 양질의 점토가 아닌 모래와 자갈 등 재료가
불균질하고 심벽은 시방서대로 다지지 않았던 것으로 드러났다.

〈그림 11-9〉 안계댐 전경

안계댐의 누수는 심벽을 가로질러 투수계수가 큰 부위를 따라 물이 새어 나온 것으로 나타났다(누수량 50~200cc/min).

잘못된 설계와 부실시공으로 심벽은 지수의 역할을 다하지 못하고 필터는 배수의 역할을 다하지 못해 전체적으로 저수량의 상당한 부분이 제체를 통해 누수되고 있음이 밝혀졌다.

86년부터 89년까지 4차 보수공사, 보수공사 완공 후 댐 수위 40.77m 이하는 누수가 없었지만 그 이상에서는 누수량 측정돼 댐의 누수는 파이핑 발생과 연관된 것으로 나타났다. 누수가 계속되면 제체 내 토립자를 바깥쪽으로 운반하면서 공동을 형성하고 나중에는 제체의 파괴까지 이를 수 있다.

특히 2004년에는 49억 원을 들여 댐체 심벽층 보강공사를 하는 등 대대적인 수술을 받았지만 댐 상류 사면의 변형과 댐 하류 사면의 누수현상, 국부적인 침식, 세굴로 보수 및 보강이 필요한 C등급의 댐이었다. 이와 같은 중심코어형 흙댐의 과다 누수현상은 대부분 심벽(코어) 재료가 부적합하거나 부실시공의 경우에 흔히 발생한다.

안계댐은 그동안 좌안의 일부구간만을 제외하고 전단면에 걸쳐 그라우팅공사를 계속해 댐의 조절수위를 현재와 같이 EL.41.0m 이하로 유지하고 있다. 그러나 갑작스런 집중호우로 수위가 상승하면 댐체에 이상이 생길 가능성이 높다. 경주대학교 황성춘 교수는 안계댐에 대한 특별 관리의 중요성을 강조한다. 왜냐하면 한번 보수·보강한 댐은 또 다른 문제점을 발생시키고 있는데 사람으로 치면 암 환자의 경우 주기적인 건강검진으로 재발을 방지하듯이 댐 역시 부실하게 태어난 댐은 법이 정한 5년 주기의 정밀안전진단만 지킬 것이 아니라 집중호우, 지진 등 환경변화 이후에는 반드시 안전진단을 실시해야 하지만 한국수자원공사는 특별 관리를 하지 않고 있다. 안계댐 주변의 지질구조가 댐 위치로 적합한지를 알아보기 위해 부산대 지질학과 황진연 교수팀과 함께 댐 주변의 암석을 채취 분석해봤다.

댐 주변은 스멕타이트 광물로 구성돼 있었다. 스멕타이트(Smectite)는 팽창성 층상 점토광물로서 층간에 물이 들어가면 부피가 크게 증가되는 특성을 가진다. 스멕타이트 광물의 팽창성은 층간에 물을 흡착함으로써 발생되며 여러 문제를 야기할 수 있다. 팽창성과 비팽창성 광물이 존재할 경우 토양의 역학적 성질은 부분에 따라 달라지게 한다. 특히 점토광물이 흡착할 수 있는 수분함량의 차이에 의해 부피가 변화하게 되어 차별적인 지반침하를 야기할 수 있고 건물이나 구조물의 균열을 발생할 가능성도 있다.

스멕타이트 광물은 액체와 접했을 때 부피가 크게 늘어나면서 지반의 안정성을 훼손시켜 누수현상의 원인이 되는 것으로 예측됐다.

부산대 지질학과 손 문 교수는 안계댐 전방 500m 지점에 활성단층대가 펼쳐져 있어 다른 지역에 비해서 지진이 발생할 가능성이 매우 높다고 분석했다.

또 안계댐의 정밀안전보고서를 분석한 결과 댐체가 점차 높아지고 있었다. 댐체는 시간이 흐를수록 가라앉으면서 안정화 돼야 하는데 안계댐은 정반대현상을 보이고 있었다. 보수공사를 한 후에도 누수가 계속돼 댐체가 물을 머금고 부풀어 오르고 있을 가능성이 높은 것으로 예측됐다.

안계댐의 안전을 유지하기 위해서는 수위를 일정하게 유지하고 우려할 만한 상황이 발견되면 즉시 운영 수위를 낮춰야 한다.

또 매설 계측기에 의한 주기적인 계측 데이터의 비교분석과 함께 매설계기들의 정상작동 여부를 세심하게 점검해야 한다.

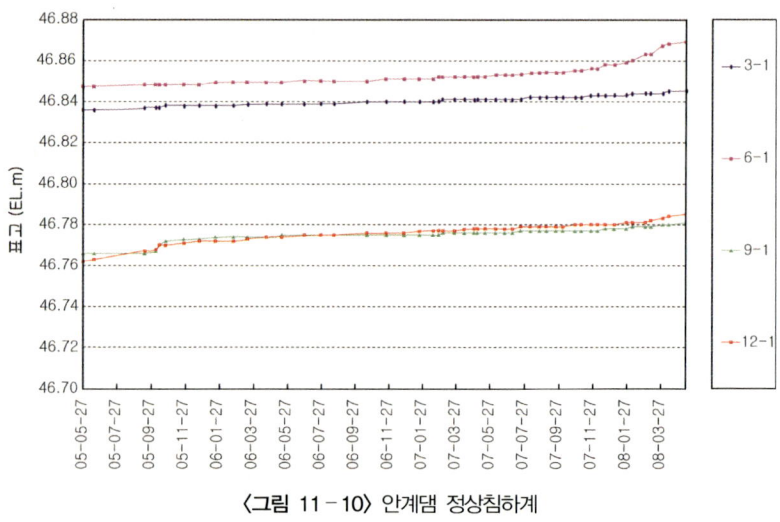

〈그림 11 - 10〉 안계댐 정상침하계

11.5.2 영천댐

경북 영천시 자양면 성곡리에 있는 영천댐은 길이 300m, 높이 42m, 총저수량 96,4105m³의 중앙차수벽형 사력댐으로 공업용수와 생활용수를 공급하고 댐 하류지역에 하천유지용수를 공급하고 있다.

경북 영천군에 있는 영천댐 기초지반에도 풍화대 및 활성단층대가 존재하는 것으로 부산대 지질학과 손문 교수에 의해 확인돼 영천댐이 지질구조상 적합하지 않은 곳에 들어선 것으로 나타났다. 단층이 많은 지역은 댐 밑의 암반에 많은 균열이 있기 때문에 작은 지진에도 댐 구조물의 안전성을 크게 위협하게 된다.

〈그림 11 - 11〉 영천댐 전경

11.5.3 운문댐

경북 청도군 운문면 대천리에 있는 운문댐은 길이 407m, 높이 55m, 총 저수용량 135,344,103㎥의 중앙차수벽형 사력댐으로 대구시와 경북지역에 식수를 공급하고 있다.

경북 청도군의 운문댐은 1994년 준공된 직후부터 문제가 발생한 댐이다. 1998년 최초로 싱크홀이 발견돼 댐체의 안전성에 대한 우려가 불거지기 시작하자 조사에 나선 한국건설안전기술원은 긴급한 보수와 보강이 필요한 D등급 판정을 내렸다.

운문댐은 건설 당시 댐체의 코어존 재료 불량으로 심각한 누수현상이 발생해 2000년과 2003년 대대적인 보수공사를 실시했다.

〈그림 11 - 12〉 운문댐 전경

〈그림11 - 13〉 운문댐 정상부의 함몰 부분

다음은 2005년에 실시한 운문댐의 정밀안전진단 보고서 내용을 정리한 것이다.

(가) 98년에 발생한 함몰부의 결과 Sta No.12의 하류측 가장자리는 다소 침하된 상태를 나타내며 진행성은 아닌 것으로 판단되나 지속적인 관찰이 필요하다.

(나) 상류사면에 변위점 3점이 매설돼 있으나 진단기간 중 수중에 잠겨 있어 측량이 불가능했다. 따라서 상시측량이 가능하도록 EL.150.1m 선상에 신규 보조 변위점 3점을 추가로 신설해야 한다.

(다) 횡단측량결과 댐마루는 설계도면 표고보다 0.10~0.27m 정도 높은 것으로 나타났으며, 이는 여성으로 인한 표고차로 판단되며 사면의 기울기는 표준단면도와 큰 차이가 없는 것으로 나타났다. 향후 진단 및 점검 때는 금회의 측량 결과를 초기치로 활용해 댐체의 변위와 거동상태를 파악해야 한다.

(라) 침투수위 관측공에 대한 탁도 계측 결과 댐마루 관측공의 시료채취 때 공내에 존재하는 침전물의 교란 등의 영향으로 측정 때마다 결과의 편차가 클 것으로 예상된다. 따라서 하류지반 관측공의 금회 탁도 측정결과를 기초치로 설정하고 정기점검 시기 등을 이용해 정기적으로 측정함으로써 향후 댐체에 이상징후 발견 때 원인과 취약경로를 추정하는 기초자료로 활용됨이 바람직하다.

(마) 토압계(E1~E10)는 계측값의 과도한 이상치 발생과 기기 손상 등으로 현재 사용하지 않는 것으로 조사됐으며 그중 비교적 양호한 E8~E10은 계측선로저항이 신뢰성이 적은 것으로 측정된다.

(바) 최근 개정된 '댐 설계기준'에 의거 강화된 지진계수를 적용해 사면 안전율을 검토한 결과 1.086~1.128범위로 기준안전율 (1.2)보다는 낮게 나타났다.

운문댐은 그동안 여러 차례 보수 공사를 했지만 한국수자원공사는 지금도 댐체를 예의주시하고 있다.

11.5.4 감포댐

2005년에 완공된 경주시 감포읍의 감포댐도 부실공사로 인한 위험성을 안고 있는 댐으로 분류되고 있다.

감포댐이 완공된 지 3년이 지난 2008년 댐체에 설치된 침하계의 수치가 −1.4에서 +16까지 큰 편차를 보였다. 계측기 고장이거나 댐체에 심각한 문제가 있다는 증거였다.

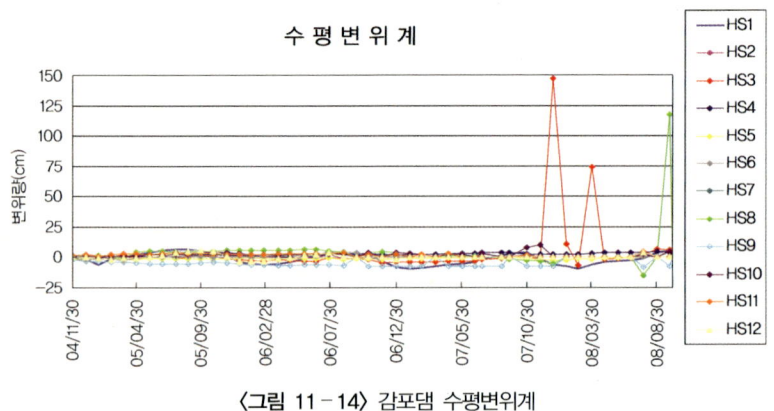

〈그림 11 - 14〉 감포댐 수평변위계

댐의 수평상태도 알 수 있는 수평변위계의 변위량도 0에서 150cm
까지, 있을 수 없는 편차를 보였다. 엉터리 계측기로 댐을 관리하고
있어 댐의 안전성을 제대로 파악할 수 없었다.

11.5.5 무주 양수댐

한국남동발전의 무주 양수댐이 2005년 7월 이후 건설당시 예측누
수량(114t/d)의 최대 9배가 넘는 누수가 지속적으로 발생했으나 무주
양수발선처는 2007년 6월까지 2년 동안 아무런 조치도 하지 않았다.

또 한국남동발전이 발행한 「무주양수발전소 상부댐 비상대처계획」
의 '누수 관련 이력검토'에는 누수사실이 누락된 채 7개의 관계기관
에 배포된 것으로 확인됐다.

한국남동발전이 국회에 제출한 자료에 따르면 무주 양수댐의 상부
댐은 05년 8월 30일에 628t/d의 누수량이 발생한 이래 06년 4월 25일
968.4t/d, 5월 30일 809.9t/d, 7월 31일 968.4t/d 등 계속적으로 예측누수
량의 7~9배에 달하는 누수량이 발생해 왔다. 07년 3월 30일에는
1,054t/d를 기록했다.

한국시설안전공단이 중간보고를 통해 댐의 안전상의 이유로 상부
댐 수위를 만수위인 860m보다 9m나 낮은 851m 이하로 유지할 것을
권고해 발전 손실이 생겼다(<표 11-1> 참조).

〈표 11-1〉 무주 양수댐 발전손실 예상표

구분	최대수위	일일 최대발전가능시간	최대발전량
정상시(A)	860m	7.5시간	450만kWh
제한수위(B)	851m	4시간	240만kWh
A-B	9m	3.5시간	210만kWh

댐의 누수는 댐의 안전과 주변 주민들의 생명과도 직결되는 심각한 문제임에도 불구하고 누수사실을 은폐한 것은 안전불감증의 전형이라 할 수 있다.

필자는 무주 양수댐의 누수 원인을 확인하기 위해 댐 전문탐사업체에 의뢰해 정밀조사를 실시했다.

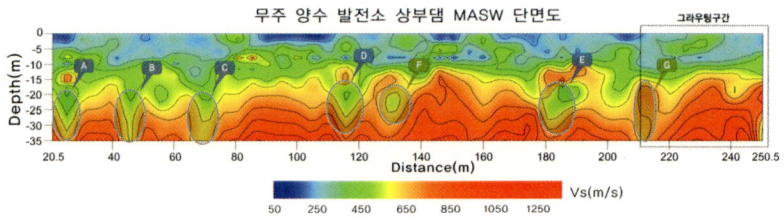

〈그림 11 - 15〉 무주 양수발전소 상부댐 MASW 탐사결과(Dist. 20.5~250.5m)

본 조사는 무주 양수 발전소 상부댐 댐체의 연약대 파악을 위한 다중채널분석기법에 의한 표면(MASW: Multi-channel Analysis of Surface Waves) 탐사로서 차수벽에서의 연약구간을 전단파 속도를 이용, 2D 단면으로 영상화하여 댐체 또는 제방의 안정성에 문제가 되는 부분을 파악했다. 탐사 결과 최소 6군데 연약층에서 누수가 되고 있음이 확인됐다. 안전을 위협하는 댐체의 중대한 결함을 방치하고 있었던 것이다.

- 저밀도 구간은 주변의 속도대와 비교해 급격한 저속도를 갖는 지점으로 대체적으로 밀도가 낮은 지층 구간을 뜻한다.
- 댐 하부 10m 깊이까지는 대체적으로 수평층 구조를 보이나 10m 이후부터 저속도의 저밀도 구간(A, B, C, D, E, F, G)이 나타나는 것으로 판단된다.

- 저밀도 구간은 거리 25m, 45m, 69m, 115m, 183m 지점(A, B, C, D, E)의 25m 하부에서 나타나기 시작하고 차수벽이나 댐체에 존재하는 저속도 구간으로 다른 구간보다 강성이 낮은 것으로 판단된다(*강성: 단단함의 정도, 강성이 낮으면 단단함이 작음).
- 저밀도 구간 A, B, C는 탐사심도인 깊이 35m 이후까지 연결돼 있을 가능성이 있다. 탐사심도가 35m이므로 그 하부의 지층상황은 파악할 수 없으며 정확한 누수조사를 위해 전기비저항탐사 또는 시추조사가 필요할 것으로 판단된다.
- F는 다른 저밀도 구간과 비교하여 저속도대가 넓게 분포하지는 않으나 주변의 고속도대와 비교해 느린 속도를 나타내므로 저밀도 의심구간으로 판단하였다.
- G는 그라우팅을 실시한 시작부분에서 나타나며 그라우팅 구간에서의 속도가 빠른 반면 (그라우팅 잘된 구간) 시작부에서 저속도대가 나타나는 것은 그라우팅 경계부에서 그라우팅이 약하게 되어 있을 가능성을 시사한다.
- 댐체의 누수는 육안으로 관찰이 되지 않아 현재 누수의 진행여부는 확인할 수 없으며 저밀도 구간이 존재하므로 지속적인 관찰이 필요하다.

11.6 댐 정밀안전진단 허술

한국수자원공사의 자체 정밀안전진단이 공신력 있는 기관의 진단결과와 달라 댐 관리의 문제점을 드러내고 있다.

2009년 국정감사자료에 따르면 한국시설안전공단의 댐 정밀안전점검과 한국수자원공사의 자체 안전점검을 비교한 결과 수자원공사가 형식적으로 댐 안전점검을 한 것으로 나타났다.

임하댐은 2001년부터 2005년까지 세 차례 자체 점검 결과 모두 B등급으로 양호했지만 한국시설안전공단의 2006년 안전진단에선 D등급으로 나와 긴급한 보수를 필요로 했다.

합천댐도 2002년과 2004년, 2008년에 있었던 세 차례의 자체 점검에서 B등급을 받았으나 2004년 한국시설안전공단 진단에서 C등급으로 나와 보수가 필요했다.

주암댐 역시 4차례의 자체 점검 결과 모두 B등급으로 나왔지만 한국시설안전공단에선 C등급으로 표시됐다.

한국수자원공사가 댐체의 거동상태나 누수현상 등 댐의 안전 상태를 파악하기 위해 설치하는 계측기도 오작동이 많아 댐 관리에 허점을 드러내고 있다.

한국수자원공사의 정밀안전진단보고서에는 댐이 얼마나 허술하게 관리되는지 기록돼 있다.

소양강댐 정밀안전진단보고서(2004년)에는 전기비저항 계측기인 간극수압계와 토압계는 모두 노후화 등으로 그 값의 신뢰도가 상당히 떨어지며 측정치에 대한 평가·분석에 한계가 있는 것으로 판단된다고 적혀 있다.

충주댐 정밀안전진단보고서(2002년)에는 양압력계의 정상작동상태 확인이 불가능하고 지진해석 결과 지진의 방향성 중에 댐축 방향의 지진이 가장 큰 영향을 미치고 피어와 웨어의 접합부에서는 허용인장응력을 초과하는 것으로 나타나 보수·보강이 필요하다고 지적했다.

임하댐 정밀안전진단보고서(2007년)에는 계측자료 분석결과 21개 계측기가 신뢰성이 낮은 것으로 평가되었고 계측기 3개는 고장이 난 채 방치돼 있었으며 운문댐 정밀안전진단보고서(2005)에는 상류사면에 변위점 3점이 매설돼 있으나 진단기간 중 수중에 잠겨 있어 측량이 불가능하고 토압계(E1~E10)는 계측값의 과도한 이상치 발생과 기기 손상 등으로 현재 사용하지 않는 것으로 조사됐다.

영천댐의 정밀안전진단 결과 층별 침하계와 간극수압계는 고장이 났고 침투수위 관측관은 기능저하로 나타났으며 안동댐 정밀안전진단(2005년)에서는 정수압침하의 경우, 2000년 이후 계측값이 급변해 이후 불안정한 상태를 나타내는 등 계측기 고장으로 신뢰성이 떨어지는 것으로 나타났다.

댐체에 묻어둔 계측기는 댐이 오래될수록 가동률이 형편없이 낮고 최대 70%를 넘지 못하고 있다. 엉터리 계측은 댐의 안전과 직결된다는 데 문제의 심각성이 있다.

댐 계측기를 설치한 지 34년이 경과된 소양강댐의 계측기 가동율이 8.8%로 가장 낮고 섬진강 댐(설치 42년)이 25.7%, 횡성댐(설치 3년) 56.9%, 부안댐(설치 9년)이 59.4%, 그리고 준공된 지 얼마 안 된 밀양댐의 가동율이 97.3%로 가장 높다. 설치경과 연수에 비해 고장률이 높은 것은 낙뢰로 인한 고장과 관리 소홀이 원인인 것으로 나타났다.

계측기의 종류별 가동률은 균열계(0%), 개도계(35.7%), 토압계(48.3%), 간극수압계(49.9%) 순으로 낮은 것으로 나타났다.

제12장 댐과 지진

12.1 내진설계와 댐 안전성

최근 세계 곳곳에서 지진 발생이 빈번해지고 있다. 아이티와 칠레, 일본, 터키 등 해외는 물론 지진으로부터 비교적 안전지대라고 여겨져 왔던 우리나라에서도 최근 규모 3.0 이상의 지진이 발생해 국민들의 불안감이 높아지고 있다.

지진은 정확한 예측이 불가능하고 한번 발생하면 대형참사로 이어지기 때문에 댐 등 사회기반시설물의 안전하고 견고한 내진설계가 그 어느 때보다 요구되고 있다.

지진으로 댐이 붕괴된다면 그 피해는 상상을 초월할 것이다. 댐 붕괴 때 발생하는 홍수파는 육지의 쓰나미로 변해 수백㎞ 하류까지 피해가 확산될 수 있다. 다행히 우리나라에서는 지진으로 댐이 완전히 붕괴된 사례는 없지만 앞으로는 지진에 의한 댐 붕괴가 발생할 가능성을 배제할 수 없는 실정이다.

우리나라는 1993년 댐 설계 내진 기준을 마련했고, 95년 일본 고베 지진 발생을 계기로 2001년부터는 규모 6.0~6.3에도 안전하도록 더욱 강화된 기준을 적용하고 있다. 그러나 이미 건설된 다목적댐을 비롯한 많은 대형댐들은 2001년 이전에 건설돼 규모 6.0 정도의 지진이 실제로 발생했을 때 견딜 수 있을지에 대해 의문을 제기하는 전문가들이 많다.

이에 대해 한국수자원공사는 지진에 대한 안전성 성능평가를 실시한 결과 모든 댐이 강화된 내진기준으로도 안전한 것으로 분석하고 있다. 댐 설계 때 적용된 지진 규모는 6.0 정도이지만 성능평가 결과 이보다 큰 규모의 지진에도 견딜 수 있을 것으로 추정된다는 것이다. 지진을 비롯한 자연재해는 기후변화와 함께 앞으로 더 심각해질 것으로 예측되고 있다. 지진 전문가들은 2011년 일본 후쿠시마 지진으로 인한 원자력발전소의 사고에서 보듯이 댐을 비롯한 사회 기반시설물 중 내진설계가 적용된 시설물은 지진에 안전하다고 믿는 것은 어리석은 판단이라고 지적하고 있다.

12.2 댐의 내진설계

12.2.1 내진설계기준

댐 내진설계에서 일반적으로 록필댐(표면차수벽형 석괴댐 포함)과 콘크리트 중력식댐(롤러다짐 콘크리트댐 포함)은 상대적으로 지진에 안전한 댐으로 평가되고 있는 반면 흙댐은 취약한 것으로 평가되고 있다. 흙댐으로 설계할 경우 설계 진도를 20% 크게 하고 아치댐은 설계지반진도의 2배를 적용한다.

12.2.2 설계진도(進度)

지진재해도 해석결과에 근거해 우리나라의 지진구역을 <표 12-1>과 같이 설정한다. 각 지진구역에서의 평균 재현주기 500년의 지진지반운동에 해당하는 지진구역계수는 <표 12-2>와 같이 구역 Ⅰ에서는 0.11, 구역 Ⅱ에서는 0.07이다.

〈표 12-1〉 지진구역 구분

지진구역		행정구역
Ⅰ	시	서울특별시, 인천광역시, 대전광역시, 부산광역시, 대구광역시, 광주광역시, 울산광역시
	도	경기도, 강원도남부[6], 충청남도, 충청북도, 경상북도, 경상남도, 전라북도, 전라남도 북동부[7]
Ⅱ	도	강원도북부[8], 전라남도 남서부[9], 제주도

〈표 12-2〉 지진구역계수(재현주기 500년에 해당)

지진구역	Ⅰ	Ⅱ
구역계수	0.11	0.07

〈표 12-3〉 위험도 계수

재현주기(연)	500	1,000	2,400
위험도계수	1	1.4	2.0

---

6) 강원도남부(군, 시): 영월, 정선, 삼척시, 강릉시, 동해시, 원주시, 태백시

7) 전라남도 북동부(군, 시): 장성, 담양, 곡성, 구례, 장흥, 보성, 여천, 화순, 광양시, 나주시, 여천시, 여수시, 순천시

8) 강원도북부(군, 시): 홍천, 철원, 화천, 횡성, 평창, 양구, 인제, 고성, 양양, 춘천시, 속초시

9) 전라남도 남서부(군, 시): 무안, 신안, 완도, 영광, 진도, 해남, 영암, 강진, 고흥, 함평, 목포시

평균재현주기별 최대 유효지반가속도의 중력가속도에 대한 비를 의미하는 위험도계수는 <표 12-3>과 같다. 이 표에서 기준은 평균 재현주기 500년 지진이다.

댐이 위치할 지점의 설계진도는 해당지역의 지진구역계수에 <표 12-4>에서 규정하는 내진 등급별 설계지진의 평균재현주기에 따른 위험도 계수, <표 12-5>의 지반계수와 댐형식별 할증계수를 곱한 값에 중력가속도를 곱한 값으로 한다. 단 위험도계수, 지반계수, 댐형식별 할증계수는 정역학적 설계 방법인 진도법에 의한 경우에만 적용한다.

〈표 12-4〉 댐의 내진등급과 설계지진

내진등급	댐	설계지진의 평균재현주기
내진특등급댐	• 사회, 안보, 경제적인 측면에서 특별한 댐으로 발주처가 지정하는 댐 • 법에 의하여 다목적댐으로 분류한 댐 • 높이가 45m 이상이고 총저수량이 50백만m³ 이상인 댐	1,000년
내진1등급댐	내진특등급 댐 이외의 모든 댐	500년

〈표 12-5〉 기초지반 분류에 따른 지반계수

지반의 종류	지표면 아래 30m 토층에 대한 평균값			지반계수
	전단파 속도 (m/s)	표준관입시험 (N치*)	비배수전단강도 (kPa)	
경암지반 보통암지반	760 이상	−	−	1.0
연암지반 매우 조밀한 토사지반	360~760	> 50	> 100	1.2
단단한 토사지반	180~360	15~50	50~100	1.5

* 비점착성 토층만을 고려한 평균 N치

그러나 이 같은 방법으로 산출된 설계진도가 0.2g 이상이어서 우리나라보다 지진규모나 발생빈도가 훨씬 높은 나라에서 적용하는 진도보다 과다하다고 판단될 경우 설계자는 적용설계 진도를 0.2g 이하로 조정할 수 있다.

12.2.3 지진하중

지진 때 댐에 발생하는 응력과 변형을 평가할 때는 댐에 작용하는 하중에 설계진도를 곱한 지신관성력을 고려하고 이 관성력의 작용방향은 댐 안정에 불리한 방향으로 작용하는 것으로 해석한다.

또 지진이 발생할 때는 유체 동압력의 영향과 수면과의 영향이 동시에 고려돼야 한다.

12.2.4 정역학적 설계기준

설계에 적용하는 지진력은 작용정하중에 대한 지진관성력만 고려하고 동수압은 그 영향이 미미하기 때문에 제외한다. 지진에 의한 파랑고는 필요한 경우 따로 고려한다.

12.2.5 내진설계의 유의사항

필댐 중 지진에 저항하는 능력이 가장 높은 댐은 표면차수벽형 석괴댐이다.

댐의 지진동은 상부가 하부보다 커서 상부에서 활동과 파괴가 일어나기 쉽다. 따라서 이 부분의 활동 가능성에 대한 세밀한 검토가 필요하다.

강진이 예상되는 지점에서는 블랭킷에 의한 차수공법은 피하는 것이 좋다.

지진동으로 인한 축제재료의 액상화를 피하기 위해서는 적절한 흙의 선정과 충분한 다짐이 필수적이다.

서로 다른 종류의 댐이 복합된 댐(필댐과 콘크리트댐의 접속 등)의 접속부는 차수성이 보장돼야 하며 이들 접촉면에서의 지진저항은 각 형식의 댐의 진동특성을 고려하여 평가해야 한다.

매설관은 진동으로 쉽게 파손도기 때문에 기초 지반과 제체의 접속부를 피해 매설위치를 선정한다.

12.2.6 동적 설계

최근에 건설되는 필댐은 기술적 향상과 시공 장비의 현대화 등으로 대형화 추세를 보이고 있다. 과거 경험적 방법인 진도법은 보수적으로 채택돼 왔으나 적정지진규모와 기술적 조건이 충분히 고려되지 못했기 때문에 보다 과학적이고 이론적인 동적해석 기법의 적용이 필요하다.

12.3 필댐 내진안정성 평가

12.3.1 댐 안정성 검토

<표 12-6> 저수상태별 안전율 검토

구분	제체조건	저수상태	지진	안전율		비고
				상류	하류	
1	완성직후	바닥상태	없음	1.3	1.3	1) 상류측 비탈면의 하부존이 암석 등으로 되어 있어 간극압이 발생하지 않을 경우에 한함
2	(간극수압최대)	일부저수1)	없음	1.3	—	
3	썽상시	급강하	없음	1.2	1.2	
4	평상시	만수	있음	1.2	1.2	2) 수위는 보통 댐 높이의45~50% 를 취함
5	평상시	일부저수2)	있음	1.15	—	

12.3.2 필댐의 내진설계

12.3.2.1 안정성 계산

필댐의 내진설계를 위한 안정성계산은 다음을 기준으로 한다.

---

(1) 액상화 평가: 안전율 1.5 이상
(2) 사면안정 해석: 안전율 1.2 이상

12.3.2.2 액상화 평가

액상화에 대한 안정성은 Seed와 Idriss의 간편법에 기초한 방법을 통해 액상화에 대한 안전율을 산정한다.

액상화 평가방법은 간편예측법과 상세예측법이 있으며 미국의 여러 규정, 일본 건축시방서, 유로코드8에서의 액상화 평가방법은 Seed와 Idriss의 이론을 토대로 경험식 및 도표를 통해 지진에 의한 전단응력과 지진의 저항응력을 비교해 액상화 안전율을 산정하는 간편 예측법을 주로 이용하고 있다.

12.3.3 내진성능 계측관리

지진계측장비는 지반과 구조물, 기기의 지진운동을 감지하는 가속도 센서와 기록계로 구성돼 있으며 가속도 센서의 경우 기본적으로 측정가능 범위가 2.0g 이상이어야 하고 설치 목적과 위치에 따라 측정범위를 조정할 수 있어야 한다. 속도센서의 최대 측정속도 범위는 구조물과 기기의 고유주파수대에서 최대 허용속도의 2배 이상이어야 한다.

12.3.4 댐 지진계 통합운영관리

지진발생 때 댐의 피해 여부를 신속히 파악해 대처하고 댐의 안정성 평가와 보강여부 판단 그리고 향후 댐 설계 때 기초자료 활용을 위해서는 댐 지진계의 통합운영관리가 필요하다. 지진피해를 신속하게 파악하기 위해서는 댐에서 계측된 자료뿐 아니라 주변의 다른 기관이 운영하고 있는 모든 관측소 자료를 실시간으로 파악할 수 있는 시스템이 필요하다.

댐 지진계를 통합운영관리를 위해서는 지질자원연구원이나 기상청에 전용회선을 설치해 국가 지진통합네트워크에 연결된 모든 관측소의 관련된 자료를 받아볼 수 있도록 국가지진관측망과 연계운영하는 시스템 구축과 함께 계측된 자료를 쉽게 저장하고 분석할 수 있는 Database와 분석 프로그램이 필요하다.

12.4 지진에 약한 용수전용댐

기존의 용수전용댐은 사력댐으로서 내부분 건설된 지 20여 년에 가까운 댐으로 건설 당시 설계자료가 미흡하고 내진설계에 대한 고려가 충분히 되지 않아 안정성에 의문이 제기되고 있다.

한국수자원공사의 『용수전용댐의 안전도 조사 및 내진성능평가 보고서』 내용을 정리한다.

12.4.1 안계댐

수위 급강하 때 상류사면에서 안전율이 급격히 저하되며 이때 지진력 01g가 작용하게 되면 안전율이 1.0 이하로 저하돼 제체가 활동파괴될 것으로 판단된다.

하류사면의 경우 만수위 때 지진력 0.1g이 작용하면 활동파괴가 발생할 것으로 분석된다.

<표 12-7> 안계댐 사면안정 결과해석

구 분	상류사면		하류사면	
	평상시	지진시(0.1g)	평상시	지진시(0.1g)
만수위	2.157	1.159	1.618	0.918
수위급강하	1.117	0.687	1.547	1.030
최저수위	2.174	1.517	1.620	1.202

12.4.2 사연댐

상시만수위 때 상류사면의 평상시와 지진 시 및 하류사면의 평상시 안전율은 최소 안전을 기준 이하로 댐체의 안전성이 떨어지는 것으로 나타났다. 일반적으로 사력댐의 경우 상류사면은 수위급강하시의 경우에 하류사면은 고수위의 정상 침투 시에 안전율이 가장 작은 것으로 알려져 있다. 그러나 사연댐의 경우 하류사면보다는 상류사면의 안전성이 떨어지는 것으로 나타났다. 이는 하류사면에 소단이 형성되어 전체적인 사면경사가 완만하기 때문으로 나타났으나 홍수 후 하강의 평상시와 지진 시의 안전율은 최소안전율 기준 이하로 나타났다.

결론적으로 상시만수위 때 상류사면의 평상시와 지진 시, 상시만수위 때 하류사면의 평상시, 홍수 후 수위강하 때 상류사면의 평상시와 지진 시 등 총 5개 케이스에서 최소안전율 기준을 만족하지 못해 불안정한 것으로 나타났다.

<표 12-8> 사연댐 사면안정 결과해석

구 분		설계 시		금회추가실시 (평상시 강도정수 적용)		금회 (실내실험 결과적용)		
		평상시	지진시	평상시	지진시	평상시	지진시	지진시
상시 만수위	상류사면	1.33	1.17(0.05)	1.315	1.080(0.05)	1.419	0.904(0.12)	1.16(0.05)
	하류사면	1.58	1.37(0.05)	1.452	1.286(0.05)	1.452	0.100(0.12)	1.286(0.05)
수위 급강하	상류사면	1.26	1.11(0.05)	1.250	1.081(0.05)	1.292	1.092(0.06)	1.122(0.05)
홍수시 수위강하	상류사면	–	–	–	–	1.414	0.900(0.12)	1.156(0.05)

12.4.3 운문댐

정상 침투시 안전한 것으로 평가되었다. 또한 지진력을 0.06g로 적용할 경우에는 전반적으로 평상시나 수위급강하시 안전한 것으로 나타났으나 0.12g가 적용되면 평상시나 수위급강하시 상하류 사면의 안전율이 저하되는 것으로 나타나 추후에 내진 성능에 대한 평가가 필요한 것으로 나타났다.

<표 12-9> 운문댐 사면안정 해석 결과

구 분		해석결과시 안전율		
		평상시	지진시(0.06g)	지진시(0.12g)
상시 만수위	상류사면	1.622	1.304	1.070
	하류 면	1.414	1.237	1.091
수위 급강하	상류사면	1.577	1.294	1.054
	하류사면	1.421	1.244	1.097

〈표 12-10〉 영천댐 사면안정 해석결과

구 분		설계시	금회(실내실험 결과적용)		
		평상시	평상시	지진시	지진시
상시 만수위	상류사면	1.217	1.575	0.967(0.12)	1.259(0.05)
	하류사면	1.273	1.463	1.080(0.12)	1.279(0.05)
수위 급강하	상류사면	1.261	1.356	1.096(0.06)	1.133(0.05)
저수위	하류사면	1.262	1.611	1.079(0.12)	1.345(0.05)
홍수시 급강하	상류사면	－	1.561	0.958(0.12)	1.247(0.05)

12.4.4 영천댐

사면안정성 해석에서는 2001년 개정된 「댐설계기준(건설교통부)」
에서 제시한 수평지진계수 0.11을 적용해 해석한 결과 전반적으로 사
면안전성이 확보된 것으로 해석됐으나 상시만수위 때 상류사면의 지
진시일 경우 최소안전율이 1.077로 가장 작으며 상시만수위 지진 시
하류사면과 수위급강하 시나 지진 시 또한 최소안전율 기준인 1.2에
만족하지 못하는 것으로 해석됐다.

종합 결론은 상시만수위 때 지진시의 상류사면과 평상시의 하류사
면, 홍수 후 강하 때의 지진 시 등 3개 케이스에서 최소안전율 기준을
만족하지 못해 불안정한 것으로 나타났다.

12.5 지진감지 시스템 낙제점

한국수자원공사가 관리하는 30개 댐 중 9개(대청, 남강, 횡성, 밀양,
용담, 장흥, 감포, 대곡, 평화)에만 지진계가 설치되어 운영되고 있다.

이들 댐 중 DEMS(지진감시 시스템[Dam Earthquake Monitering System]: 댐의 지진동을 실시간 감시 및 통보할 수 있는 시스템)에 연결된 댐은 장흥, 대청, 평화, 남강 등 4개 댐이고 연결되지 않은 댐은 감포, 횡성, 밀양, 용담, 대곡 등 5개 댐이다.

DEMS는 댐체에 전달된 지진동 규모를 정확하게 알려줘서 댐 안전관리 현장 담당자나 본사가 댐 담당자가 댐의 안전점검 실시여부를 판단하고 댐체의 안전상태를 판단, 효과적인 정보를 제공할 수 있다.

아직 DEMS에 연결된 지진계가 많지 않아 전국적인 지진감시망을 구축했다고 할 수 없으며 인공신동, 오작동에 의한 지진통보기 발송되거나 계측담당자 변경, 정전 등에 의해 데이터를 획득하지 못하는 경우가 발생할 수 있어 대책수립이 필요하다.

이와 함께 지진발생 시 기상청 등의 지진관측망 운영기관의 실시간 가속도 자료 입수를 통한 DEMS의 분석 능력 확대와 지진분석업무의 효율화를 한국지질자원연구원의 통합 가속도 지진네트워크에 연결되어야 하는데 유독 수자원공사만이 참여하지 않아 큰 문제점으로 지적되고 있다.

12.6 충주댐 수문부 댐체의 지진안전성 평가

한국수자원공사는 2010년 경기도 시흥시 인근과 울산 등에서 발생한 리히터 규모 3.0 이상의 지진과 관련 "수자원공사가 관리 중인 전국의 댐은 아무런 피해 없이 안전하게 관리하고 있다"며 "규모 6.3 정도의 지진에도 충분히 견딜 수 있도록 설계돼 있다"고 밝혔다.

〈표 12 - 11〉 댐별 내진 기준10)

(단위: mm)

구분	수어	안계	연초	영천	광동	대암	섬진강	달방	사연
댐형식	RF	ED	RF	RF	RF	RF	CG	RF	412
지진계수(g)	-	-	-	0.05	0.05	-	0.05	0.05	645
지진규모(M)	-	-	-	5.4	5.4	-	5.4	5.4	233

구분	소양강	구천	임하	주암	밀양	안동	합천	횡성	대청
댐형식	RF	RF	RF	RF	CFRD	RF	CG	RF	CG,RF
지진계수(g)	0.05	-	0.1	0.1	0.1	0.05	0.1	0.1	0.05
지진규모(M	5.4	-	6.0	6.0	6.0	5.4	6.0	6.0	5.4

구분	충주	부안	보령	남강	용담	운문	선암		
댐형식	CG	CFRD	RF	CFRD	CFRD	RF	ED		
지진계수(g)	0.05	0.1	0.1	0.1	0.12	0.05	-		
지진규모(M	5.4	6.0	6.0	6.0	6.1	5.4	-		

▶ 자료: 수자원공사, 충주댐과 지진 안전성 평가

충추댐과 같은 콘크리트댐은 소양강댐과 같은 사력댐에 비해 홍수에 인한 월류에는 유리하지만 지진에는 상대적으로 불리하다.

한국지질자원연구원의 분석에 따르면 우리나라에서 발생 가능한 최대 규모의 지진은 규모 6.0 내지 6.5로 예측되고 있다.

그렇다면 콘크리트 댐인 충주댐은 지진에 얼마나 견딜 수 있을까? 동국대학교 이지호 교수팀과 함께 지진 안전성 평가를 실시했다.

중력식 콘크리트 댐인 충주댐의 지진 안전성 평가를 위해 댐의 가장 취약한 부분인 수문부 댐체 절편(monolith)을 대상으로 3차원 선형동해석을 수행했다. 수압과 댐체의 하중, 수평, 수직 지반운동을 고려했으며 댐의 수위와 지반운동 규모를 적용해 네 가지 상황을 전제로 평가했다.

---

10) RF: 사력댐, CG: 콘크리트 중력식, CFRD: 콘크리트 표면차수형 석괴댐, ED: 흙댐; g: 중력가속도
(980cm/sec2), 지진규모는 경험식에 의한 자료임; 내진안정성 평가 결과 모든 댐이 안전한 것으로 판정.

12.6.1 안전성 평가 방법

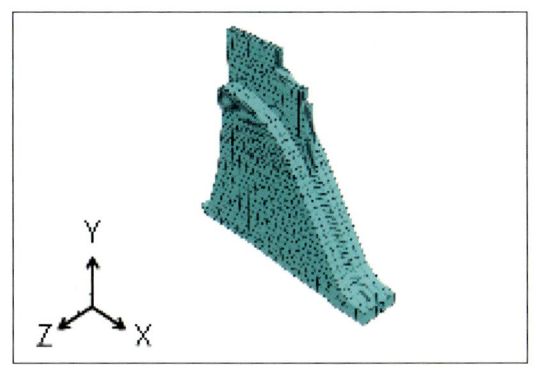

〈그림 12-1〉 충주댐 수문부 댐체 절편

충주댐은 많은 콘크리트 절편이 합치된 형태의 콘크리트 중력댐으로 이 중 가장 취약한 구조 형태를 가진 댐 중앙의 수문부 댐체 절편 (monolith)을 지진 해석대상으로 택했다. 극한 지진 상황을 재현하기 위한 지반운동으로는 규모 6.5의 인도 Koyna 지진 때 인근 댐에서 측정된 수평 및 수직 가속도를 적용했다.

수문부 댐체 절편의 경계는 양방향(Z축 방향)에서의 변위는 발생하지 않는다고 가정했으며 지진하중의 영향은 댐의 상하류방향(X축)과 높이방향(Y축)에서 각각 수평, 수직으로 작용한다고 고려했다.

12.6.2 경계조건

댐 바닥면은 상하좌우 방향을 모두 고정하고, 댐 측면은 좌우 방향을 구속하여 댐 바닥 경계면에 지진 가속도 진폭만큼의 강제 변위를 발생시키는 방법을 사용했다.

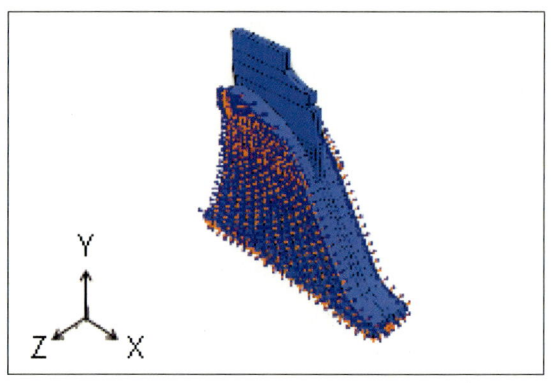

〈그림 12-2〉 경계조건

12.6.3 하중

지진해석에 필요한 하중으로 댐의 하중, 정수압, 동수압, 수평 및 수직 지반운동을 고려했다. 동수압의 경우 댐 구조물을 탄성체로 가정하고 댐과 유체의 상호관계에 의한 역학적 거동을 무시할 수 있을 정도로 작다고 가정해 Westergaard 동수압식에 의한 부가질량법(added mass)을 사용했다.

「기존댐의 내진성능 평가 및 향상 요령」에 따르면 우리나라의 내진설계 기준으로 규모 6.5의 실제지진기록을 선정해 사용하도록 권장하고 있다. 인도 Koyna 지역에서 충주댐과 같은 중력식 콘크리트 댐에서 실측된 리히터 규모 6.5의 지진 가속도를 해석에 사용했다.

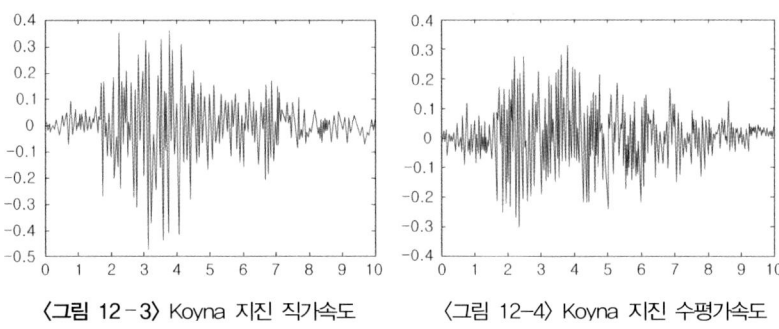

〈그림 12-3〉 Koyna 지진 직가속도 　〈그림 12-4〉 Koyna 지진 수평가속도

12.6.4 댐의 제원 및 콘크리트 물성치

충주댐의 마루높이는 EL(EL: 해수면부터 측정된 높이) 147.5m, 최대 가능홍수위는 EL 151.79m, 기초암반높이는 수문부에서 EL 57.58m이다. 콘크리트의 물성치는 충주댐 정밀안전진단 코어채취 시험에서 측정된 값이다. 콘크리트 감쇠비(Damping Ratio)는 3%를 고려했다.

〈표 12-12〉 입력물성치

구분	단위질량 (kg/m^3)	탄성계수(MPa)	포아송비
콘크리트	2226	2.03×10^4	0.167

12.6.5 해석조건

해석은 두 가지 상황을 고려해 실시했다. 첫 번째는 댐 수위가 WL(WL: 댐 저면부터의 높이) 55m와 WL 85m일 때를 구분했으며 두 번째로 지진가속도 데이터에서 진폭크기 전부와 그 절반인 경우를 각각 WL 55m와 WL 85m 수위에 대해 지반운동으로 적용했다. 댐 수위의 변화에 따른 수압의 영향이 지진에 미치는 효과와 지반운동 규모의 변화가 댐의 안정성에 미치는 영향을 분석했다. WL 85m 수위에서는 추가로 수문에 작용하는 수압을 상단피어부에 집중하중으로 치환해 적용했다. 댐의 수위는 피어부를 경계로 각각 WL 55m(EL 112.6m)와 만수위에 해당하는 WL 85m(EL 142.5m)이다.

〈표 12-13〉 해석 시 고려사항

댐 수위 (WL)	지진규모	
	Full acceleration	Half acceleration
55 m	CASE 1-1	CASE 1-2
85 m	CASE 2-1	CASE 2-2

12.6.6 해석결과

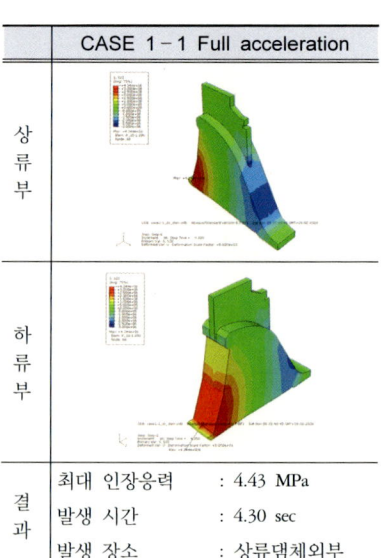

	CASE 1-2 Half acceleration	CASE 1-1 Full acceleration
상류부		
하류부		
결과	최대 인장응력 : 3.41 MPa 발생 시간 : 4.30 sec 발생 장소 : 상류댐체외부	최대 인장응력 : 4.43 MPa 발생 시간 : 4.30 sec 발생 장소 : 상류댐체외부

〈그림 12-5〉 CASE 1-1　　　　〈그림 12-6〉 CASE 1-2

CASE 2−1 Full acceleration	CASE 2−2 Half acceleration
상류부	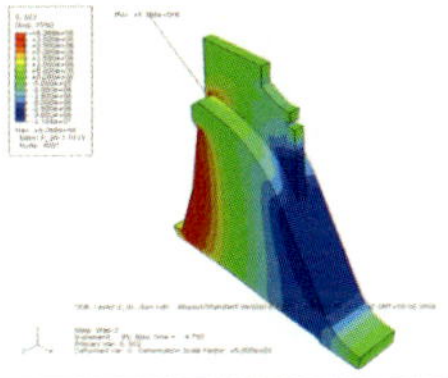 상류부
하류부	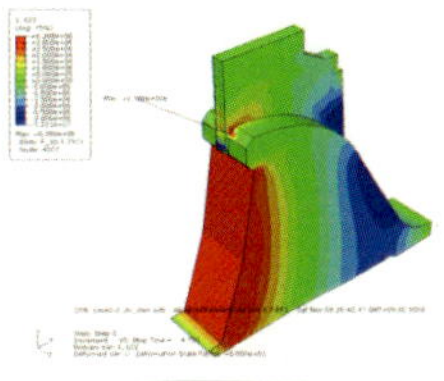 하류부
결과 최대 인장응력 : 8.75 MPa 발생 시간 : 4.75 sec 발생 장소 : 수문부피어	결과 최대 인장응력 : 6.39 MPa 발생 시간 : 4.75 sec 발생 장소 : 수문부피어

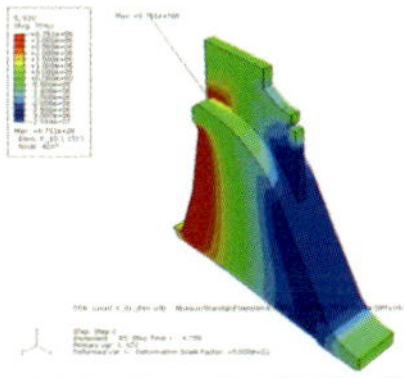

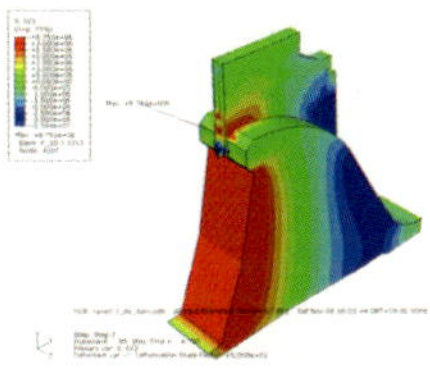

〈그림 12-7〉 CASE 2−1   〈그림 12-8〉 CASE 2−2

<그림 12−5~8>은 댐 수위와 지반운동 규모가 <표 12−13>에서 언급한 것과 같은 경우에서의 상류부, 하류부, 최대인장응력의 해석 결과를 나타낸다. 콘크리트는 압축응력에 비해서 인장응력에 매우 취약하다. 따라서 최대인장응력의 발생지점에서 콘크리트의 균열, 파괴의 가능성이 높다.

CASE 1−1, CASE 1−2에서 CASE 2−1, CASE 2−2인 경우로 각각 수위가 변화하였을 때 댐 바닥면에서 정수압과 동수압은 CASE 1−1, CASE 1−2에서보다 각각 54.50%, 61.75% 증가하였다.

해석결과의 S22 방향의 응력장 분포(contour)를 통해 CASE 1−1, CASE 1−2수위(WL 55 m)에서는 최대인장응력이 상류부 댐체 외부에서, CASE 2−1, CASE 2−2에서는 수문부 피어 목 부분에서 발생하는 것을 확인하였다. 이러한 결과로 지진이 발생하였을 때 댐의 수위에 따라서 균열, 파괴 위험이 있는 지점이 달라진다는 것을 확인하였다.

최대 인장응력은 CASE 1−1, CASE 1−2일 때 4.35초와 CASE 2−1, CASE 2−2일 때 4.75초에서 발생하였다. 이는 동수압의 효과를 반영한 부가질량이 댐체의 자체질량에 추가되어 수평 및 수직 지반운동에 대한 관성력의 거동양상이 달라졌기 때문이다.

지반운동의 크기를 다르게 하여 충주댐에 강진(full acceleration)이 작용했을 경우와 우리나라에서 발생 가능하다고 가정한 지진(half acceleration)의 경우를 고려한 결과에서는 모두 일반적인 보통 중량 콘크리트 인장강도인 2.57~4.23MPa(f_{ck}값이 각각 18MPa, 45MPa일 때 파괴계수 f_r값)을 초과했다. 또한 댐 안정성 평가에서는 허용인장응력으로 댐체 외부에서 0.72MPa, 수문부 피어에서 0.78MPa을 규정하고 있으며 충주댐의 지진에 대한 안정성이 매우 취약한 것으로 분석됐다.

12.6.7 지진에 취약한 충주댐

충주댐은 강진에 매우 취약하고 Koyna 지반운동과 가속도의 절반의 지반운동에도 매우 위험할 것으로 평가됐다.

규모 4.0 정도의 지진에 충주댐은 흔들리기 시작했다. 규모 6.5의 지진값을 입력한 결과 1.7초 만에 1단계 균열이 발생하는 것으로 나타났다. 같은 충격이 2.5초 지속되자 심각한 2단계 균열이 발생했고 5초를 경과하면서 댐은 충격과 수압을 견디지 못하고 붕괴되는 것으로 해석됐다.

시뮬레이션 결과 충주댐은 지진이 규모 6.5보다 약한 지진에도 붕괴 위험성을 내포하고 있다는 결과가 나왔다. 우리나라에서 발생 가능한 최대 규모의 지진이 충주댐 유역에서 발생한다면 댐이 붕괴되고 이 같은 재앙은 일어날 가능성이 높다는 분석이다.

충주댐이 가지고 있는 지리적 중요성을 고려할 때 정밀해석을 통한 근본적인 대책이 요구되고 있으며 댐 균열 후 안정성 평가와 지진 취약도 평가가 포함되어야 할 것으로 판단된다.

12.6.8 특별관리가 필요한 충주댐

남한강 수계의 유일한 다목적댐으로 20억 톤의 저수량을 가진 충주댐은 소양댐 다음으로 큰 댐이다.

사력댐인 소양댐과 달리 충주댐은 콘크리트 댐으로 홍수에는 유리한 조건을 갖추고 있다.

그런데 충주댐 오른쪽의 가파른 산사면을 온통 덮고 있는 바위들은 곳곳에 균열이 가 철구조물로 묶어 흘러내리지 못하게 고정시켜 놓고 있는데 바로 댐 본체를 내려다보고 있다.

한국수자원공사는 이곳(댐 비탈사면)에 계측기 42개를 설치해 바위들의 거동상태를 실시간으로 관측하고 있다. 충주댐이 원천적인 문제점을 안고 있는 것이다.

충주댐 건설 당시 작성한 지질조사 자료에는 이 지역 일대는 절리대가 많아 댐 건설지로 적당하지 않다고 되어 있다. 댐이 들어서는 안 될 곳에 댐을 지었다는 것이다.

한국수자원공사는 산사면을 안정화시키는 대대적인 작업을 마쳤기 때문에 아무런 문제가 없다고 밝혔다.

만약 지진 등 외부 요인으로 이 산사면이 붕괴되면 어떻게 될까?

경주대학교 황성춘 교수와 함께 충주댐 산사면 붕괴가 가져올 영향을 예측해봤다. 산사면이 붕괴되면 엄청난 바윗덩이들이 댐 본체에 엄청난 충격을 가해 대재앙이 발생할 가능성이 있어 특별관리가 시급한 것으로 나타났다.

12.7 대청댐의 지진안전성

대전시 대덕구 미호동(좌안)와 충청북도 청주시 문의면 덕유리(우안)에 걸쳐 있는 대청댐은 국내 유일의 콘크리트 중력식 및 석괴댐의 복합형 댐으로 높이 72.0m에 길이가 495.0m이다.

〈그림 12-9〉 대청댐 전경

유역면적은 4,134km², 연평균 강수량 1,182.3mm, 연평균 유입량 2,826백만m³(89.6m³/sec), 총 저수량 1,490백만m³, 유효저수량이 790백만m³이다.

1980년에 완공된 금강 수계의 대청댐은 사력댐과 콘크리트 댐이 합쳐진 세계에서 유일한 구조로 알려져 있다.

한국수자원공사는 내진설계기준의 강화로 대청댐에 규모 6.3의 강진을 적용했을 때 콘크리트 부분과 사력댐(흙댐)의 접합 부분까지 내진 안정성을 확보하고 있다고 했다.

지진에 약할 수밖에 없는 대청댐이 어느 정도의 지진에서 붕괴되는지를 알아보기 위해 필자는 2008년 경주대학교 황성춘 교수팀과 함께 1/140 크기의 실제 모형 댐을 만들어 내진성능 실험을 했다.

지진 규모 4.5의 충격을 가하자 콘크리트댐과 사력댐 접합부에 약한 금이 가기 시작했다.

콘크리트가 가지고 있는 고유 진동수와 흙(사력댐)이 가지고 있는 고유 진동주기가 달라 접합부분이 떨어지기 시작했다.

지진 강도를 규모 5.4로 높이자 콘크리트와 흙의 접합부분에 균열이 커지면서 누수현상이 발생했다. 여진이 계속되자 사력댐 부분에서 붕괴조짐을 보였다.

대청댐은 규모 5.4에서 5.5 범위에서 균열이 가고 접합면에서 파괴될 수 있는 결과가 나왔다.

우리나라 최대 가능 지진 규모인 6.5를 입력하자 대청댐이 힘없이 무너지기 시작했다. 사력댐과 콘크리트댐을 합쳐 만든 대청댐은 지진에 매우 취약하다는 것이 입증됐다.

대청댐의 컴퓨터 시뮬레이션을 이용한 수치 해석에서도 마찬가지

결과가 나왔다.

대청댐은 규모 6.3의 강진에도 견딘다는 한국수자원공사의 내진성능평가와 큰 차이를 보였다.

댐이 지진피해를 입으면 대형참사로 이어지는 사례가 많다. 인도 뭄바이댐은 1967년 가둔 물의 무게를 견디지 못해 지진이 발생해 177명이 사망하는 등 세계 곳곳에서 지진으로 인한 댐의 붕괴사고가 자주 발생했다.

12.8 내진설계 기준의 문제점

국내 댐 중 잘못된 설계 기준으로 내진 설계가 낮게 적용돼 지진에 대한 안전성을 보장할 수 없는 지역이 있다.

국정감사 자료에 따르면 국토해양부가 댐 설계 기준을 만들면서 강원도 북부와 제주도는 지진 발생 빈도가 낮은 2구역으로 보고 지진구역계수를 0.07로, 그 외 지역은 지진 발생 빈도가 높은 1구역으로 정해 지진구역계수를 0.11로 규정했다. 지진구역계수를 낮게 잡으면 내진성능평가안전도 기준도 내려간다. 소양강댐, 평화의 댐, 횡성댐, 광동댐 등은 낮은 기준으로 점검해 안정 판정을 받은 셈이다. 그러나 최근 우리나라의 지진 강도는 점점 강해지고 있어 지진에 대비한 댐의 안정성 확보가 시급한 실정이다. 2007년 평창에서 발생한 지진 규모가 4.8인 점과 일본 등 주위 국가의 지진 규모가 6.3 이상이었던 점을 고려하면 안심할 수 없는 상태다. 저수량 29억 톤으로 우리나라 최대 규모인 소양강댐의 경우 진도 6.0 규모의 지진에 대해서는 안정성을 담보하기 힘든 상황이다.

한국수자원공사는 「2001년 국토해양부가 마련한 댐 설계기준」에 따라 그 이전에 건설된 27개 댐의 내진성능 평가를 실시한 결과 모두 안전한 것으로 평가됐다고 밝혔다. 그러나 이는 지진에 대한 댐의 안전성 평가의 주된 요소인 지진구역계수를 낮게 잡았기 때문이다. 지진 전문가들은 우리나라 댐의 지진 안전성평가를 재실시해 근본적인 대책을 수립해야 한다고 지적하고 있다. 댐의 안전성은 국민의 생명과 직결되기 때문이다.

제13장 댐과 상수원 오염

    수계에 유입된 입자성 오염물질은 유속이 느려지면 중력에 의해 침강하고 바닥에 퇴적된다. 특히 용존성 오염물질 중에서 중금속이나 인과 같은 친토성 원소들은 입자성 물질에 흡착되거나 수산화물 등으로 침전해 퇴적되는 경우가 많고 난분해성 독성물질은 유기물의 침전 혹은 바닥의 유기물에 집적돼 퇴적된다.

    일반적으로 댐이나 하천에 퇴적된 퇴적물에 함유된 오염물질은 물보다 높은 농도를 나타내 저서생물의 생존에 직접적인 위협이 될 수 있고 퇴적층에 산소의 고갈이나 pH 상승, 물리적 교란 등의 환경에서 급속히 용출돼 수질오염의 근원이 된다. 이 때문에 세계 각국에서는 퇴적물의 관리와 오염퇴적물 처리 및 처분을 위해 많은 연구들이 수행되고 있다.

    수층의 오염물질이 퇴적되는 현상은 일반적으로 수질개선에 매우 중요한 역할을 하지만 퇴적층이 교란되거나 특정 기간 중 수온약층의 생성 등으로 수층에 산소가 부족하거나 광합성 등에 의해 수층의 pH 상승 등이 일어날 때는 퇴적물로부터 인이나 중금속 등의 오염물질을 용출시켜 수질오염의 원인이 되는 경우가 있다.

우리나라에서는 여름철의 집중 강우 때 많은 양의 토사와 항생물질, 광산 폐수 등 각종 오염물질이 댐으로 유입돼 퇴적되고 있다. 그러나 우리나라에는 아직 상수원 호수에서 수질개선을 위한 퇴적물 관리기준이 없어 수질개선을 위한 대책마련이 시급하다.

13.1 댐 상류의 오염실태

13.1.1 수도권 주민들의 식수는 안전한가?

수도권의 주 식수원은 팔당댐이다. 팔당댐 주변지역인 양평과 남양주, 광주와 가평 등지에는 러브호텔과 음식점, 카페가 우후죽순 들어서 있고 무분별한 축산시설과 근교농업이 성행하는 등 세계 어느 상수원을 가더라도 팔당댐 주변 같은 곳은 볼 수 없다.

경기도 광주 경안천에는 인근 공장과 축사에서 쏟아내는 공장폐수와 가축 분뇨 등이 뒤범벅이 돼 팔당댐으로 흘러들고 있다.

팔당댐 상류도 사정은 비슷하다. 북한강 수계를 거슬러 올라가면 춘천에서 막대한 생활하수를 배출되고 그 위쪽으로 화천, 인제, 양구 등지에서 고랭지 채소 농사를 지으며 농약과 비료로 오염을 가중시키고 있다.

남한강 수계는 더 심각하다. 남한강 발원지인 강원도 태백의 폐광에서 나오는 중금속 폐수가 하루 10만 톤에 이르고 이들 폐수는 남한강 지천을 따라 충주, 원주, 이천, 여주, 양평을 거치면서 또 다른 오염원과 섞여 팔당댐으로 유입된다. 수도권 상수원인 팔당댐은 오염에 시달리고 있다. 수자원당국은 태백의 폐광 중금속 폐수는 팔당댐에 유입되기 전 충주댐에서 중금속 성분이 1차 퇴적돼 팔당댐은 안전하다는 입장이다. 그러나 홍수 때 강바닥이 뒤집어지면서 하상 퇴적물에 포함돼 있는 각종 유해 성분들이 용출되기 때문에 수질안전은 절대 보장할 수 없다.

13.1.2 한강 수질오염 보고서

강원도 금강산에서 발원하는 북한강은 회양(淮陽)을 거쳐 남하해 춘천(春川)을 지나 경기도 양평군(楊平郡) 양서면(楊西面) 양수리(兩水里)에서 남한강과 만나는 한강의 대지류로 길이 371㎞, 유역면적 1만 718.5km²의 우리나라 최대의 수력발전지대이다. 남한강은 강원도 오대산(1,563m)에서 발원해 충청북도 동북부와 경기도 남부를 지나 경기도 양평군 양수리에서 북한강과 합류해 한강으로 흘러든다. 강의 총 길이는 375㎞, 유역 면적은 1만 2577km²이다.

북한강 상류지역에 주둔하고 있는 군부대는 인근의 거주지보다 단위면적당 인구비율이 높고 상당수 하수처리시설이 비효율적으로 관리돼 주변 지류에 오염이 확산되고 있다.

또 한강 상류의 1,60여 개 폐금속광산과 80여 개 폐탄광에서 나오는 하루 30,000만 톤의 산성폐수(AMD; `Acid Mine Drainage)가 지류를 따라 한강으로 유입돼 오염을 가중시키고 있다.

광산폐수에 들어있는 금속 황화물은 산화되면서 발생하는 yellowboy 현상이나 whitening(백화현상) 현상이 수십km의 하천에 펼쳐져 있다.

항생물질의 무분별한 하천 유입은 생물군집종(Keystone species)의 사멸을 야기해 생태계를 교란시키고 상수원에 유입될 경우 어린이와 임산부, 노약자 등이 항생제 잔류물에 노출될 우려가 있으며 병원균의 내성 증가를 가져올 수 있다. 특히 수도권의 상수원인 팔당호에는 한강으로 들어오는 모든 오염물질이 유입되고 있다.

13.1.3 군부대 오폐수

강원도 화천군에 있는 군부대들은 대부분 춘천댐 상류에 위치해 있다. 강원도 화천군 OO사단의 경우 오폐수에 의한 오염과 주변 사격장의 오염이 확인되고 있으며 사격장 일부 지역은 강우와 바람 등에 의해 유실돼 중금속 오염이 주변 토양과 수계로 확산되고 있다. 특히 중화기와 전차, 곡사화기 사격장에서 유출되거나 주변 폐탄광에서 지속적으로 유출되는 다량의 광산중금속산성폐수(AMD: Acid Mine Drainage)로 인해 주변 하천수계는 물론 상수원이 오염되고 있지만 정밀조사조차 이뤄지지 않고 있는 실정이다.

현재 강원도 지역 군부대의 오수처리시설은 YM(요구르트 빈병을 이용한 초고도 합병 정화공법[YM SYSTEM])과 2차폭기인 오수합병정화조를 택하고 있다. 그러나 이는 연속적으로 오수가 공급되어야 제대로 처리되는 한계성 때문에 군부대에서 운용 관리하기에는 적합하지 않은 공법이다.

〈표 13-1〉 오수처리시설 설치 현황(22개소)

부 대 명	용량(톤/일)	처리방식	설치연도	수 계	지역구분
포병연본	35	YM공법	'02	한 강	청정지역
A포대	25	YM공법	'02	한 강	청정지역
C포대	30	2차폭기	'04	한 강	청정지역

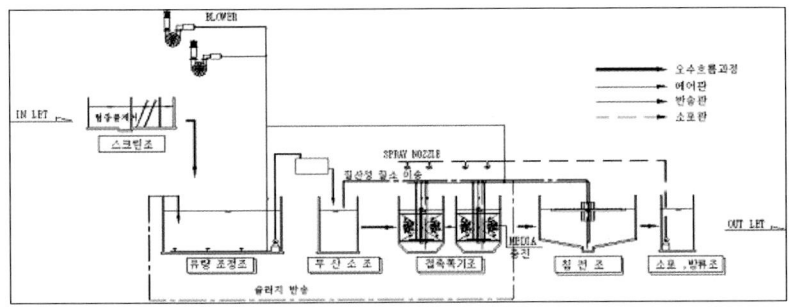

〈그림 13-1〉 초고도 합병 정화공법(YM SYSTEM) 모식도

전방부대의 경우 부대 이동에 의한 불규칙한 오수공급으로 인해 미생물의 활성이 저해돼 처리되지 않은 오염된 오폐수가 인근 하천으로 유입될 가능성이 높다.

13.1.4 광산폐수 현황

광산 폐기물 중 광미나 침출수, 퇴적물 등에 함유된 중금속 등의 이동으로 하천과 지하수, 식수원 오염이 지금도 진행되고 있다. 운영되는 광산수도 1984년에는 150여 개 광산이 운영됐으나 매년 감소되는 경향을 보여 현재는 20여 개로 감소해 1/5에 머무르고 있다. 금속광산 뿐만 아니라 탄광의 경우도 1989년 석탄합리화 사업 이후 약 90%의

<표 13-2> 갱내수 유출 현황 및 수질정화대상 유량

구 분	폐탄광	갱내수 유출		정화대상	
		탄광(개)	유량(톤/일)	탄광(개)	유량(톤/일)
강 원	169	81	44,645	52	48,209
경 북	6	23	8,176	9	5,446
충남북	95	24	6,567	3	1,587
전남북	18	8	995	4	529
계	338	136	60,383	68	55,771

※ 선정기준: 수질환경보전법에 따라 pH 5.8 이하, 철 10mg/L 이상, 유출량 50m³/일 이상. 광해방지사업단 2006년 자료.

탄광이 폐광돼 이곳에서 나오는 광산폐수와 폐제가 하천을 오염시키고 있으며 광산의 약 70%는 강원도 동남부지역에 있다. 특히 이 지역은 국토관리상 주요한 우리나라의 북한강, 남한강 및 낙동강의 발원지로서 여러 개의 다목적 댐에 수자원을 공급하고 있다. 특히 이곳에서 발생하는 갱내수는 60,383톤이며 수질정화대상 유량은 약 56,000톤에 이르고 있다(광해방지사업단 2006). 현재 남한강 상류에 유입되는 폐수량은 약 37,000톤으로 예상되고 있다.

13.1.5 댐으로 유입되는 광산폐수

광산이 밀집해 있는 강원도 동남부지역은 동고서저의 지형으로 대부분의 지류와 하천이 남서쪽으로 발달돼 있고 산악지형 특성상 하상경사가 남한강 하류보다 급해 하상계수가 매우 높다. 이에 따라 집중호우가 내리는 여름철에는 휴·폐광산의 폐수가 인근 하천으로 흘러들어 댐을 오염시키고 있다. 특히 남한강의 경우, 유량 1,000(m³/s) 때 홍수도달시간은 24시간 안에 팔당호에 이르게 되는데 이를 경우 부유물(뜬짐현상) 등이 팔당호에 유입돼 침전되면서 팔당호 수질에 좋지 않는 영향을 주게 된다. 또 광재댐의 경우 댐 표층의 미세한 광미 등이 바람에 비산되어 주변지역에 영향을 주고 있으며, 강우에 의해 침식되어 하천으로 유실되기도 한다.

산성광산폐수는 강원도 77개 폐석탄광과 폐금속광산의 108개 갱구로부터 유출되는 총량은 하루 32,000m³에 이르고 있으며 주변지역과 유입하천이 유해한 중금속과 황산이온 등 무기염류로 오염이 가속화되고 있으며 결국 하류에 있는 댐의 수질이 나빠질 수밖에 없다.

강원도지역에서 발생하는 오염원이 하천과 댐으로 유입되는 경로는 다음 <표 13-3>와 같다.

〈표 13-3〉 오염원 유입 경로

시료 I.D	조사지역	조사지 한천 유입경로
하수처리장 배수	27사단 강원도 화천군 사내면 삼일리	수밀천, 지촌천, 춘천댐유입, 의암호, 청평호, 팔당호
합류지역 배수	27사단 강원도 화천군 사내면 삼일리	수밀천, 지촌천, 춘천댐유입, 의암호, 청평호, 팔당호
돈사배수	강원도 화천군	계성천, 춘천댐유입, 의암호, 청평호, 팔당호
삼척탄좌	강원도 정선군 사북읍	지장천, 동강, 남한강, 충주댐, 팔당댐
동원탄좌	강원도 정선군 고환읍	지장천, 동강, 남한강, 충주댐, 팔당댐
임계 금은광산 (동명, 세우)	강원도 정선군 임계면	골지천, 조양강, 동강, 남한강, 충주댐, 팔당댐

13.1.6 광산폐수 실태조사

강원도 정선의 광산에서는 비만 오면 탄광 폐제들이 하천으로 쏟아져 내려 시커먼 물줄기가 새로 생긴다. 강원대학교 김휘중 교수팀과 함께 2008년 이름 광산 폐제가 하천으로 흘러드는 하천수를 채취해 수질 조사를 실시했다. pH 3.8, 강산성으로 생명체가 살 수 없는 농도였다. 이런 강산성 물이 급류가 되어 하류를 따라 댐으로 흘러 들어간다.

광산폐수에 포함된 중금속 성분을 조사한 결과 철, 알루미늄, 망간 등의 중금속이 검출됐고 알루미늄은 먹는 물 기준치의 290배를 넘었다. 이들 광산폐수는 충주댐으로 유입돼 한강을 따라 팔당댐으로 흘러든다.

탄광 하류인 지장천에는 항상 붉은 탄광 침출수가 흘러들어 철과 알루미늄 등의 중금속으로 심하게 오염되어 있다.

강원도 태백시 함태탄광 폐수처리장의 수질분석 결과 pH 2.9의 강산성에 불순물 함유 비율은 638ppm로 전혀 정화되지 않는 것으로 나타났다.

한강과 낙동강의 상류에 있는 강원도 폐광 지역의 광산폐수가 그대로 상수원으로 흘러들고 있는 것이다.

강원도 정선군 동원탄좌의 광산폐수가 유입되는 하천의 중금속 농도를 분석한 결과 알루미늄 21.2ppm, 먹는 물 기준을 106배나 초과했다. 철은 먹는 물 기준을 무려 362배, 망간은 31배 넘어섰다.

1980년대 이후 석탄 산업이 사양화의 길로 접어들기 시작하면서 문을 닫은 광산은 전국에 1,300여 개가 있으며 강원도에만도 290여 개의 광산이 휴광 혹은 폐광 중이다.

남한강 상류의 경우 하루 3천 7백여 톤의 중금속 광산폐수가 충주 댐으로 유입되고 있다.

남한강 상류에 있는 옥동광산의 금속광산 갱내수가 정화되지 않은 채 옥동천으로 흘러들고 있다. 충주댐에서 40km 상류지점의 옥동천에는 어류는 물론 수중 저서 생물도 전혀 발견되지 않고 있다.

하천 바닥의 퇴적물 오염도를 조사한 결과 카드뮴, 납, 구리, 아연 등 인체에 치명적인 중금속이 토양우려 기준을 훨씬 초과했다.

옥동천에 살고 있는 돌고기의 경우 아가미를 중심으로 모든 부위에서 식품기준을 초과하는 중금속이 검출됐다.

충주댐에 살고 있는 누치도 납과 카드뮴 등 중금속에 심하게 오염돼 식용으로 부적합한 것으로 나타났다. 서울과 수도권의 식수원인 한강의 수질에 결정적인 영향을 끼치는 충주호는 상류의 폐광 오염원에 노출되어 있다.

13.1.7 퇴적물 오염도 조사

하천이나 댐의 퇴적물은 평소에는 수질에 큰 영향을 주지 않지만 퇴적층이 교란되거나 수온약층의 생성 등으로 수층에 산소가 부족하거나 광합성 등에 의해 수층의 pH가 올라갈 때 퇴적물로부터 인이나 중금속 등 오염물질이 용출돼 수질오염을 가중시킨다.

퇴적물에 포함된 중금속은 유기오염물질과 달리 자연 상태의 분해 과정으로는 제거되지 않고 유기물로 결합되거나 유기체에 축적되어 높은 독성을 나타낸다(Jain, 2004).

다음은 필자가 강원대학교에 의뢰해 분석한 댐과 하천의 퇴적물 중금속 농도이다.

〈표 13-4〉 퇴적물 Cd의 존재형태별 농도

Area	Sites	Adsorbed fraction	Carbonate fraction	Reducible fraction	Organic fraction	Residual fraction	Total
		(단위: mg/kg)					
Paldang Dam	팔당호	0.1	0.3	2.9	3.1	5.8	12.2
Uiam of lake	공지천 하류	0	0.5	1.2	2.6	5.3	9.6
	의암호 중류	0.4	0.8	1.8	5.4	6.1	14.5
Okdong Stream	옥동광산 하류	1.0	1.5	2.6	2.9	11.6	19.9
Chung ju Dam	상류	0.4	2	3.2	3.1	14.7	23.4
Jijang Stream	폐석	2.7	2.6	7.5	6.2	15.1	34.2
Mean		0.8	1.3	2.9	3.9	9.7	18.5

퇴적물의 카드뮴(Cd) 농도는 각각의 존재형태별로 평균 Adsorbed fraction이 지장천 상류에 위치한 동원탄좌의 폐석에서 2.7mg/kg으로 제일 높게 나타나 이 지역에서 물리적이나 화학적 변화에 따라 주변 생태계로 이동이 높을 것으로 판단된다.

Carbonate fraction의 경우 지장천 하류에서 제일 높게 나타나 이 지역의 퇴적물의 경우 수소이온 농도가 높은 산성광산배수가 유입될 경우 주변 지역으로 확산이 우려된다. 카드뮴의 토양우려기준이 1.5mg/kg인 점을 감안해 각 조사지역별 기준치 초과를 충주댐 상류가 15.6배를 초과해 가장 높고 옥동천이 13.3배, 의암호 중류가 9.7배, 팔당호가 8.1배, 공지천이 6.4배의 순을 보였다.

<표 13-5> 퇴적물 Cu의 존재형태별 농도

Area	Fraction Sites	Adsorbed fraction	Carbonate fraction	Reducible fraction	Organic fraction	Residual fraction	Total
		(단위: mg/kg)					
Paldang Dam	팔당호	1.5	0.9	5.2	30.3	101.2	139.1
Uiam of lake	공지천 하류	0.8	1.3	4.2	26.1	82.5	114.9
	의암호 중류	0.8	0.6	7.8	14.4	89.5	113.1
Okdong tream	옥동광산 하류	0.2	9.3	90.2	231.4	521.0	852.0
Chung ju Dam	상류	1.4	49.7	37.9	229.8	318.9	637.8
Jijang Stream	폐석	23.0	35.4	205.4	540.1	617.2	1421.1
Mean		4.6	16.2	58.5	178.7	288.4	546.7

퇴적물의 구리(Cu) 농도는 각각의 존재형태별로 평균 Adsorbed fraction 4.6mg/kg, Carbonate fraction 16.2mg/kg, Reducible fraction 58.5mg/kg, Organic fraction 178.7mg/kg, Residual fraction 288.4mg/kg로 Residual fraction의 농도가 가장 높게 나타났다. 이는 부근에서 유입된 유기물로 인해 Organic fraction의 농도가 높게 나타난 것으로 판단된다. 또한 각 지점별로 살펴보면 동원탄좌 폐석에서 가장 높은 값을 나타냈으며 의암호 중류에서 가장 낮은 농도를 나타내었다. 특히 Adsorbed fraction의 경우 폐석 다음으로 팔당호 퇴적물에서 높은 농도를 보였다.

구리의 토양우려기준 50mg/kg과 비교해 각 조사지역별 기준치 초과를 보면 옥동천이 17배, 충주댐 상류가 12.8배, 팔당댐이 2.8배, 공지천이 2.3배, 의암호 중류가 2.2배 초과한 것으로 조사됐다.

<표 13-6> 퇴적물 Pb의 존재형태별 농도

Area	Fraction Sites	Adsorbed fraction	Carbonate fraction	Reducible fraction	Organic fraction	Residual fraction	Total
		(단위: mg/kg)					
Paldang Dam	팔당호	1.8	4.7	11.7	42.7	85.2	146.1
Uiam of lake	공지천 하류	0.1	0.1	6.4	25.6	23.0	55.1
	의암호 중류	0.7	1.2	5.6	32	26.6	64.776
Okdong Stream	옥동광산 하류	4.4	22.5	50.9	97.1	480.6	655.5
Chung ju Dam	상류	5.8	7.8	86.6	59.6	125.7	285.5
Jijang Stream	폐석	2.4	2.6	40.2	37.6	489.2	572.0
Mean		2.5	6.5	33.6	49.1	205.1	296.7

퇴적물의 납(Pb) 농도는 각각의 존재형태별로 평균 Adsorbed fraction 2.5mg/kg, Carbonate fraction 6.5mg/kg, Reducible fraction 33.6mg/kg, Organic fraction 49.1mg/kg, Residual fraction 205.1mg/kg로 Residual fraction의 농도가 가장 높게 나타났다. 납의 토양우려기준 100mg/kg과 비교해 각 조사지역 별 기준치 초과를 보면 옥동천이 6.6배, 충주댐 상류가 2.9배, 팔당댐이 1.5배에 가까우며 공지천과 의암호 중류는 기준치 이하로 나타났다.

<표 13-7> 퇴적물 Zn의 존재형태별 농도

Area	Fraction Sites	Adsorbed fraction	Carbonate fraction	Reducible fraction	Organic fraction	Residual fraction	Total
		(단위: mg/kg)					
Paldang Dam	팔당호	1.1	2.7	71.8	182.5	298.3	556.4
Uiam of lake	공지천 하류	0.5	0.8	15.1	124.3	193.2	333.9
	의암호 중류	0.4	0.8	14.8	126.3	240.4	382.7
Okdong Stream	옥동광산 하류	2.8	8.5	140.8	60.1	435.4	647.6
Chung ju Dam	상류	0.4	21.7	50.1	71.3	301.5	445
Jijang Stream	폐석	4	4.1	135.8	180.7	389.1	713.7
Mean		1.5	6.4	71.4	124.2	309.7	420.5

퇴적물의 아연(Zn) 농도는 각각의 존재형태별로 평균 Adsorbed fraction 1.5mg/kg, Carbonate fraction 6.4mg/kg, Reducible fraction 71.4mg/kg, Organic fraction 124.2mg/kg, Residual fraction 309.7mg/kg로 Residual fraction의 농도가 가장 높게 나타났다. 구리의 토양우려기준 300mg/kg과 비교해 각 조사지역별 기준치 초과를 보면 옥동천이 2.2배, 팔당댐이 1.9배, 충주댐 상류가 1.5배, 의암댐 중류가 1.3배, 공지천이 1.1배 정도인 것으로 조사됐다.

13.1.8 퇴적물의 오염기준

각 지점의 농도 값을 살펴보면 남한강 상류인 옥동천, 충주댐 상류의 광산폐수합류지역 Pb의 총 농도는 제거기준을 초과해 이 지점의 퇴적토는 제거해야 할 것으로 판단된다.

〈표 13-8〉 퇴적물기준에 따른 퇴적물 오염도평가

구 분			분 석 결 과 (단위: mg/kg)			
			Cd	Cu	Pb	Zn
저질토기준	저질토 예비기준	자연상태(Ⅰ)	0.2 이하	45 이하	20 이하	95이하
		약간오염(Ⅱ)	0.2~0.6	45~135	20~60	95~285
		중간오염(Ⅲ)	0.6~1.2	135~270	60~120	285~570
		현저한 염(Ⅳ)	1.2~2.4	270~540	120~240	570~1140
		심한 오염(Ⅴ)	2.4 이상	540 이상	240 이상	1140 이상
	저질토 제거기준		30 이상	540 이상	1,000 이상	2,500 이상
오염평가	팔당호		12.2	139.1	146.1	556.4
	공지천 하류		9.6	114.9	55.1	333.9
	의암호 중류		14.5	113.1	66.1	382.7
	옥동광산 하류		19.9	852.0	655.5	647.6
	충주댐 상류		23.4	637.8	285.5	445
	동원탄좌 폐석		34.2	1421.1	572.0	713.7

하천퇴적물 시료 5개를 채취해 오염도를 조사한 결과 퇴적물 구간에서 Cd, Cu, Pb, Zn가 현저하게 토양오염 우려기준을 초과하고 있으며 이는 과거 광미장의 광미 등 상류부 광산지역에서 오염물질이 강우 등에 의해 하천을 따라 유실돼 하천 바닥에 퇴적된 결과로 판단됐다.

13.2 남한강 지역 어류의 중금속 농도

하천수 중 중금속화합물은 pH가 낮을수록 용해도가 증가된다. 이러한 경우는 하천수의 산성광산배수(AMD)와 생활하수 등이 유입으로 인한 산도의 증가로 중금속 화합물의 용해도 증가로 인해 발생되는데 이때 하천수의 총 중금속 중 입자태 중금속과 용존태 중금속의 존재 형태 비율이 점차 용존태 중금속 쪽으로 비율이 증가하게 된다. 이렇게 증가된 용존태 중금속은 화합물이 하천 생태계 및 육상생태계에 영향을 주게 된다. 생태계의 생물이 흡수하는 중금속 양은 각 생물의 유전적 형태에 따라 다르지만 높은 용존태 중금속량은 생물체에 농축이 된다.

그렇다면 광산폐제와 광산폐수가 유입되는 하천이나 댐에 서식하는 어류는 중금속에 어느 정도 오염돼 있을까?

필자는 강원대학교 김휘중 교수팀과 함께 2008년 5월부터 11월까지 강원도, 충청북도, 경기도 지역을 흐르는 옥동천, 남한강, 팔당호에 서식하는 어류의 중금속 조사를 실시했다.

총 56건의 어류를 대상으로 살과 내장, 아가미 등 3곳에 함유된 중금속 농도를 분석한 결과 카드뮴의 경우 옥동천 돌고기에서 각각 살

0.26 / 내장 3.56 / 아가미 3.17mg/kg이, 팔당호 누치에서는 살 0.27 / 내장 1.15 / 아가미 2.87mg/kg이 검출돼 경기도 보건연구원보에서 나타낸 자연수 내 잉어과 물고기 함유량인 0.021mg/kg보다 적게는 10배 많게는 150배 이상 높게 나타났다. 또 한강지류인 탄천, 안양천, 중랑찬 등과 비교해 적게는 1.5배 많게는 약 30배 정도 높은 수치를 보였다.

이러한 결과는 조사지역 퇴적물 중금속 함량과도 상관성이 높은 것으로 예측된다. 이 지역의 퇴적물과 하천수에서 중금속함량이 높은 이유는 남한강 상류지역 광산에서 유입된 폐제와 지역에 분포하는 산입제 폐수의 영향 등으로 편딘된다.

〈표 13 – 9〉 조사하천 물고기 중 중금속 함량

지점	물고기 종	부위	dry weight(g)	Cd(mg/kg)	Pb(mg/kg)	수분함량(%)
옥동천	돌고기	살	0.201	0.26	2.18	76.2
		내장	0.200	3.56	4.10	57.8
		아가미	0.200	3.17	8.38	56.6
충주댐	누치	살	0.201	0.40	2.14	66.9
		내장	0.200	1.98	4.24	61.0
		아가미	0.201	1.02	7.89	48.4
팔당댐	누치	살	0.200	0.27	2.30	32.1
		내장	0.200	1.15	2.61	53.6
		아가미	0.200	2.87	7.04	45.8
	잉어	살	0.201	M.D.L.>	2.65	63.6
		내장	0.200	0.21	3.77	54.0
		아가미	0.201	2.49	5.79	45.8
	배스	살	0.209	0.10	M.D.L.>	55.4
		내장	0.234	0.88	2.09	58.8
		아가미	0.204	0.68	1.65	441

이번 조사에서 팔당호에 살고 있는 어류가 중금속에 심하게 오염된 것으로 확인되었지만 아무런 규제 없이 식용으로 유통되고 있다.

팔당호 누치의 근육에서 납이 식품기준을 초과하고 카드뮴 오염도심각해 먹을 수 없는 것으로 조사되었다. 팔당호 잉어 역시 납이 식품 기준을 초과했고 한강 하류 잉어의 납 오염도보다 27배 높았다. 납과 카드뮴에 오염된 팔당호 물고기를 먹으면 뇌와 신경계통에 치명적인 손상을 준다.

제14장 댐과 탁수

강원도 춘천시 의암호는 춘천을 호반의 도시로 만들어 준 인공호수이다. 그러나 언제부턴가 호반의 도시란 이름이 무색해졌다. 흙탕물만이 호수를 가득 채우고 있기 때문이다. 그 원인은 탁수를 품고 있는 소양강댐에 있다. 소양강댐 흙탕물이 의암호로 유입되고 있는 것이다.

임하댐도 탁수의 대표적인 댐이다. 2002년 태풍 루사 때는 탁도가 882NTU로 높아졌으며 탁도발생일수가 6개월 동안 지속됐다. 또 2003년 태풍 매미 때는 탁도가 무려 1,221NTU까지 치솟았으며 연중 내내 탁수현상이 지속됐다.

14.1 임하댐의 탁수 발생 현황

임하댐 탁수의 원인이 되고 있는 암층은 하양층군으로 특히 탁수의 결정적인 원인이 되고 있는 층은 동화치층과 도계동층으로 댐 상류인 경북 영양군 일대에 광범위하게 분포되어 있다. 임하호는 태풍 루사 이후 탁수와 부유물질의 양(SS) 그리고 각 항목의 수치가 감소하지 않고 지속되고 있는 것은 미립자들이 자연적으로 사라지지 않고 댐에서 장기간 부유하고 있기 때문으로 판단된다.

임하댐은 강수량이 적은 1월부터 6월까지는 2급수를 유지하지만 강우량이 급격히 많아지는 7월 이후에는 수질이 3급수로 낮아지는데 이는 탁수의 영향인 것으로 분석되고 있다.

14.1.1 임하댐 유역의 지질학적 구조

경북 안동시와 영양군 그리고 청송군에 걸쳐 있는 임하댐 유역은 낙동강 수계 북동쪽에 위치해 있으며 유역면적은 1,361km², 유로연장은 반변천을 기준으로 약 98㎞이다.

〈그림 14－1〉임하댐 전경

임하호 유역은 하천주변의 토지피복특성이 매우 취약해 강우발생에 따른 다량의 토사유실이 우려되며 이러한 토사유실로 인해 영양염류가 하천으로 유입될 경우 수질오염에 직접적인 영향을 주게 된다. 특히 임하호 유역을 구성하고 있는 지방하천의 상당부분이 제방이 없는 형태로 구성되어 있으며 지질학적으로도 전유역의 53% 이상이 도계동층에 속하는 셰일층으로 구성되어 있어 강우 때 토사가 물과 함께 하천으로 직접 유입되는 특성을 가지고 있다(이근상과 조기성, 2004). 임하호는 2002년 태풍 루사와 2003년 태풍 매미를 기점으로 최고 탁도 1,221NTU의 탁도를 기록했으며 이러한 고탁수는 댐 하류의 정수장 처리비용을 증가시키고 취수탑 부근의 고탁수 성층화를 가속시켜 댐 운영에 많은 어려움을 가져오게 된다(이근상과 조기성, 2004).

임하댐의 부유 흙탕물은 70%가 일라이트, 30%가 석영점토이며 광물 입자가 2~4마이크로미터에 불과해 좀처럼 가라앉지 않았다. 공기 중의 미세먼지처럼 물속을 떠다니는 것이다.

댐에 토사 부유물이 많으면 브라운 운동으로 중력보다 반발력이 커 쉽게 가라앉지 않는다.

임하댐은 지질구조상 위치선정이 잘못돼 탁수에 시달리고 있다. 흙탕물의 주범은 점토광물이다. 댐 상류인 영양지역의 토양은 붉은 빛을 띠고 있는데 시일계통 퇴적암이 겹겹이 쌓여 있고 물을 담고 있는 담수지역도 이런 퇴적층이다.

임하댐 탁수발생의 직접적인 영향을 주는 퇴적암 분포가 안동호 유역은 22.42%에 비해 임하호는 42.02%로 안동호보다 1.87배 높은 퇴적암 분포특성을 보이고 있다.

<표 14-1> 임하댐 연도별 최고 탁도 현황

연도별	2000	2001	2002	2003	2004	2005	2006	2007	2008	비고
탁도(NTU)	130	170	882	1,221	994	500	1,055	90	127	

<표 14-2> 임하댐 연도별 탁도 지속 일수

연도	2000	2001	2002	2003	2004	2005	2006	2007	2008	비고
일수	80	19	170	315	365	139	42	6	0	*30NTU 이상 일수

즉 임하호 유역의 지질특성이 안동호 유역에 비해 토사유실이나 탁수발생에 취약한 구조를 가지고 있다. 2003년 태풍 매미 때 토사 유실량은 안동호 유역이 1,275,806톤인데 비해 임하호 유역은 1,501,608톤으로 225,802톤 높게 나타났다. 임하호가 안동호에 비해 유역면적이 오히려 작은 것을 감안하면 임하호의 탁수발생 요인이 상대적으로 훨씬 많음을 알 수 있다.

14.1.2 임하댐 선택취수설비 도입효과 분석

한국수자원공사는 2004년 "임하댐탁수저감방안"을 수립해 수질과 탁수조사, 부유물 입도 및 분포특성 분석 등을 토대로 탁수저감대책을 수립했다.

이를 위해 한국수자원공사는 임하댐의 탁수를 저감하기 위해 2006년 5월 14억 원의 사업비를 들여 탁수층의 분포에 따라 임의의 층에서 선택취수가 가능토록 기존 표면취수설비를 선택취수설비로 개선했다.

<표 14-3> 임하댐 선택취수설비 사업내용

구 분	당 초	개 선
형 식	직선형 다단식 표면 취수설비	선택취수설비
운영방법	−No.1~N0.5, No.6을 분리 운영 −표층, 심층 취수가능	−No.1~N0.2, No.3~No.5, No.6을 분리 운영 (No.2와 No.3 연결부 단절) −표층, 중층, 심층 취수가능
취수수위	EL 124~151	좌 동
용 도	표면으로부터 일정수심까지 취수가능	필요수심(탁수층) 선택하여 취수

※ 권양기를 통해 Leaf를 하강 또는 상승하여 표면 또는 Leaf 사이로 취수

<표 14-4> 고탁수층의 최고탁도 비교

기 간	개노범위 (EL)	댐 폭	
		고탁수층(EL)	최고탁도(NTU)
2006.7.11. 11:00~7.16 14:00	131~139m	130~136	1,055
2006.7.16. 14:00~7.17 03:00	131~142m	130~133	376

탁수 배제효과 개량전(표면취수)과 개량후(선택배제)의 탁수량을 분석한 결과 개량 후 100NTU 이상 18%, 200NTU 이상 31%가 추가 배제되었다.

<표 14-5> 개량전후 탁수량 분석 결과

구 분		100NTU 이상	200NTU 이상	500NTU 이상
저수지 유입량(백만m³)		142.5	131.6	59.9
방류가능량 (백만m³)	개량전	27.8	10.8	확산
	개량후	53.6	51.6	8.9
배제율 (%)	개량전	19.5	8.2	0
	개량후	37.6	39.2	14.9
개선효과(%)		18.1	31.0	14.9

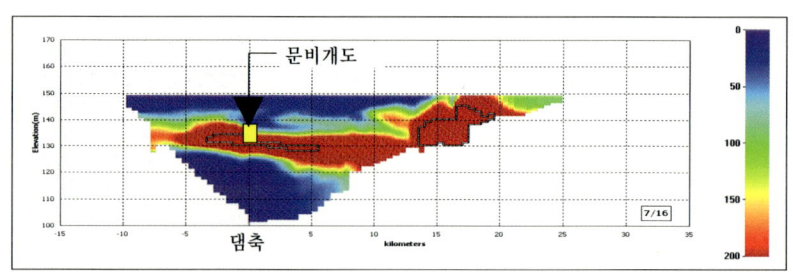

14.2 소양강댐 탁수 현황 실태

 우리나라 최대의 다목적댐인 소양강댐도 탁수로 몸살을 앓고 있다. 고랭지 밭농사가 발달한 댐 상류에 비가 오면 토사가 흘러내리기 시작해 소양호는 순식간에 흙탕물로 변한다.

 흙탕물 층은 수면 30m와 60m에서 형성되는데 그 위치가 바로 발전방류구의 취수구가 있는 곳이기 때문에 계속 흙탕물을 하류로 쏟아내게 되는 것이다.

〈표 14-6〉 소양강댐의 연도별 탁수발생 지속 일수(30NTU 이상)

구 분	1999	2000	2001	2002	2003	2004	2005	2006	2007년	2008년
지속 일수	59일 (8.4~10.1)	–	68일 (8.6~10.11) (10.18~10.19)	49일 (8.11~9.28)	–	24일 (7.19~8.11)	–	167일 (7.18~12.31) 59일 ('07.1.1~2.28) 226일 ('06.7.18~ '07.2.28)	45일 (8.12~9.25)	29일 (7.28~8.26)
집중 강우 (mm)	446 (7.31~8.3)	–	190 (7.29~8.1)	345 (8.5~8.7)	266 (8.23~8.28)	313 (7.12~7.17)	집중 강우 없음	593 (7.10~7.18)	312.8 (8.3~8.12)	245.9 (7.23~7.27)
연중 최고치 (NTU)	67	–	54	80	29	42	13	328	93	52

소양호의 탁수 발생은 수년 전부터 되풀이되는 현상이지만 당국의 대처는 미봉책에 그치고 있다. 강원도가 2007년 농림부, 환경부, 건교부, 산림청 등과 '소양강댐 토사유출 저감 추진기획단'을 구성했으나 역시 전시용으로 전락했다.

소양호의 탁수는 수중 생태계에 악영향을 미쳐 어류의 서식지 파괴로 어족자원 감소를 불러 오고 있다. 또 집중호우 때마다 심한 탁수가 발생해 식수원을 오염시켜 인체에도 직·간접적인 영향을 주고 있다.

흙탕물의 주요 발생지인 고랭지 채소밭과 소양호 상류지역에 식생대 조성 등을 서둘러야 한다. 수로관 및 집수정 설치도 급하다. 소양호에 유입된 흙탕물을 단기간에 빼내는 선택 취수 방안도 고려돼야 한다. 자치단체의 힘만으로는 역부족인 만큼 정부의 과감한 투자와 함께 한강 상류지역에 수질오염총량제를 도입해 목표 수질을 설정하는 등 탁수저감을 위한 체계적인 연구가 시급한 실정이다.

14.3 임하댐 탁수로 인한 어류 영향평가

경북 안동의 임하댐은 연중 내내 흙탕물이다. 호수를 둘러싼 산사면의 붉은 황토가 그대로 드러나 있고 물결에 의해 황토벽이 끊임없이 씻겨 내리고 있다.

임하호 주변은 단단한 암석층이 아니라 점토질로 지질 특성상 연중 탁수로 만들고 있는 것이다.

이런 탁수에 노출되어 있는 임하호의 어류 상태가 어떤지를 알아보기 위해 한국수자원공사의 「임하댐 탁수로 인한 어류 영향 조사」
와 안동대학교 이종은 교수의 연구보고서를 요약, 분석했다.

식물 플랑크톤의 비교에서 임하댐은 64종류였고 상대적으로 탁수
가 약한 안동댐에서는 111종류가 출현했다.

출현어종의 생태조사에서는 임하호는 총 4과 11종 850개체로 나타
났으며 안동호는 7과 20종 2,540개체로 집계됐다.

임하호의 증가추세종은 끄리, 강준치, 치리로 나타났으며 감소추세
종은 붕어, 누치, 피라미, 동자개로 조사됐다.

탁수에서 살고 있는 임하호 어류에서는 비늘과 지느러미 등의 손
상이 많이 발견되고 있으며 전체적인 몸의 색은 밝은 색상으로 나타
났다. 이와 함께 임하호 어류의 아가미는 짙은 암색에 기생충이 많았
으며 홍채가 돌출되는 등 눈 주위가 더 어두운 색을 띠고 있다.

임하호의 탁수 유발물질인 미세토립자가 홍수 때 대량 유입돼 성
어(成漁)의 먹이탐색능력을 저하시키고 알을 피복해 생존율과 부화율
을 저하시키는 것으로 추정된다.

14.3.1 안동댐과 임하댐에 서식하는 어류의 어종별 외부형태

14.3.1.1 누치(*H. labeo*)의 외부형태

 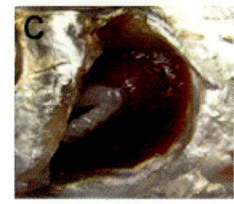 

(A: 전장, B: 머리, C: 아가미, D: 꼬리지느러미)

〈그림 14-2〉 안동호 누치(*H. labeo*)의 외부형태

 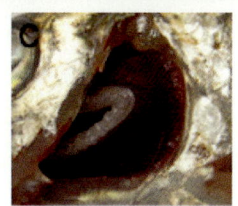 

(A: 전장, B: 머리, C: 아가미, D: 꼬리지느러미)

〈그림 14-3〉 임하호 누치(*H. labeo*)의 외부형태

안동호와 임하호에 살고 있는 누치(*H. labeo*)에서 비늘이 벗겨지는 등 몸의 손상이 나타났으며 특히 임하호의 누치는 꼬리지느러미 피부가 탄력성이 떨어지고 몸 전체의 색이 더 밝은 색을 나타냈다. 아가미는 새변 사이가 암적색으로 진하게 나타났으며 기생충이 여러 곳에 분포하고 있다. 눈의 색과 홍채는 동공주위가 더 어두웠으며 홍채는 돌출된 형태를 보였다(<그림 14-2, 14-3>).

14.3.1.2 치리(*H. eigenmanni*)의 외부형태

 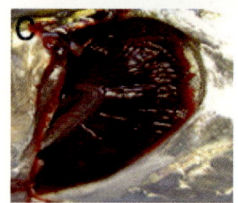 

(A:전장, B: 머리, C: 아가미, D: 꼬리지느러미)

〈그림 14-4〉 안동호 치리(*H. eigenmanni*)의 외부형태

 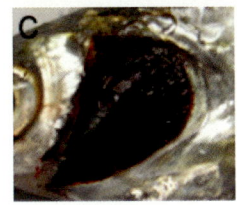 

(A:전장, B: 머리, C: 아가미, D: 꼬리지느러미)

〈그림 14-5〉 임하호 치리(*H. eigenmanni*)의 외부형태

　안동호와 임하호에 서식하는 치리(*H. eigenmanni*)는 비늘이 벗겨지는 등의 몸의 손상이 나타났으며 특히 임하호에서 채집된 치리는 등지느러미와 꼬리지느러미의 손상이 심한 것으로 조사됐다. 또 몸 전체의 색이 안동호의 치리에서보다 더 밝고 아가미는 임하호에서 전체적으로 암적색을 띠고 있으며 안쪽 새변에서 기생충이 관찰됐다. 눈의 색은 선명하지 않고 불투명하게 관찰됐다(<그림 14-4, 14-5>).

14.3.1.3 백조어(*C. brevicauda*)의 외부형태

(A: 전장, B: 머리, C: 아가미, D: 꼬리지느러미)

〈그림 14-6〉 안동호 백조어(*C. brevicauda*)의 외부형태

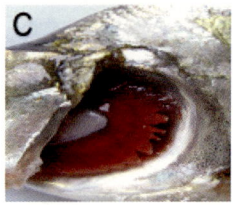

(A: 전장, B: 머리, C: 아가미, D: 꼬리지느러미)

〈그림 14-7〉 임하호 백조어(*C. brevicauda*)의 외부형태

안동호와 임하호에서 채집된 백조어(*C. brevicauda*)는 몸의 손상은 거의 없었으며 임하호의 백조어는 안동호의 백조어보다 몸 전체의 색이 더 밝고 몸의 탄력성이 떨어졌다. 또 아가미 색는 연한 선홍색을 나타냈으며 새변에 흙과 기생충 등의 이물질이 관찰됐다(<그림 14-6, 14-7>).

14.3.1.4 쏘가리(*S. scherzeri*)의 외부형태

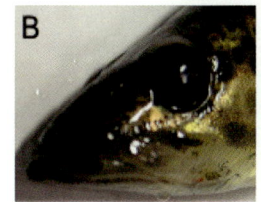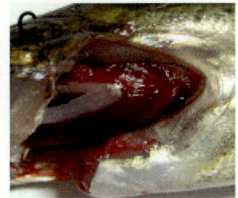

(A: 전장, B: 머리, C: 아가미, D: 꼬리지느러미)

〈그림 14-8〉 안동호 쏘가리(*S. scherzeri*)의 외부형태

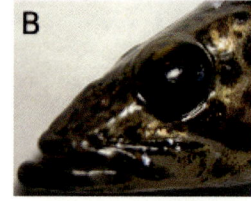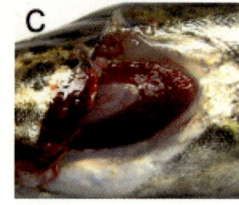

(A: 전장, B: 머리, C: 아가미, D: 꼬리지느러미)

〈그림 14-9〉 임하호 쏘가리(*S. scherzeri*)의 외부형태

안동호와 임하호에서 잡은 쏘가리(*S. scherzeri*)는 몸 전체의 손상은 없었으며 임하호 쏘가리의 경우 안동호 쏘가리보다 몸 표면에 탄력성이 떨어졌다. 또한 홍채가 많이 돌출된 형태를 나타냈고 기생충이 관찰되었다(<그림 14-8, 14-9>).

이상을 요약해보면 몸의 외부형태는 안동호보다는 임하호에서 비늘이나 지느러미 등의 손상이 많았고 전체적인 몸의 색은 밝은 색상으로 나타났다. 이는 빛의 투과가 물속 깊이 투과하지 못해 어류가 몸의 색소를 나타내는 데 변화를 보인 것으로 분석된다. 아가미는 원래의 색깔이 아닌 더 짙은 암적색을 나타냈으며 기생충도 발견되었다. 이러한 변화는 아가미의 경우 호흡과 관련해 산소의 공급이 원활하지 못함으로써 혈액에 영향을 미친 것으로 판단된다. 또 임하호가

안동호보다 수중의 투명도가 낮아 어류의 시야가 제한돼 보다 넓은
시각을 갖기 위해 홍채가 돌출되는 경향을 보였고 눈 주위가 더 어두
운 색을 나타냈다.

14.3.2 안동댐과 임하댐에 서식하는 어류의 어종별 내부형태

14.3.2.1 강준치(*E. erythropterus*)의 내부형태

(A: 내부형태, B: 신장)

〈그림 14-10〉 안동호 강준치(*E. erythropterus*)의 해부장면

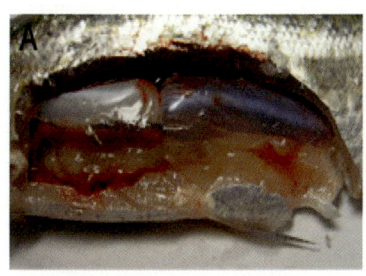 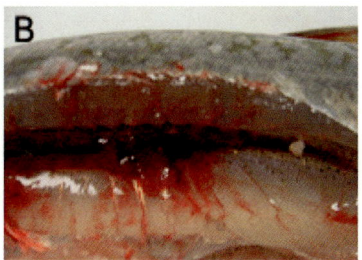

(A: 내부형태, B: 신장)

〈그림 14-11〉 임하호 강준치(*E. erythropterus*)의 해부장면

안동호 강준치의 간은 밝은 선홍색인 반면 임하호 강준치의 간은 불투명한 갈색에 가까운 형태를 보였고 신장의 경우 임하호가 더 어두운 적색으로 관찰됐다. 또 안동호 강준치의 장 주위에는 임하호보다 많은 지방체가 관찰됐다(<그림 14−10, 14−11>).

14.3.2.2 끄리(*O. amurensis*)의 내부형태

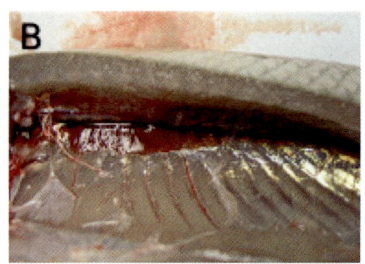

(A: 내부형태, B: 신장)

〈그림 14−12〉 안동호 끄리(*O. amurensis*)의 해부장면

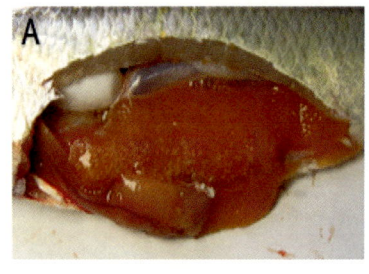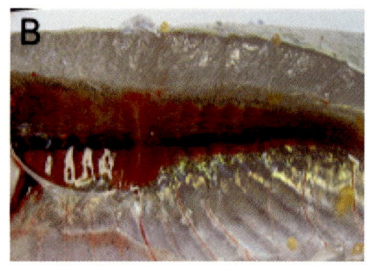

(A: 내부형태, B: 신장)

〈그림 14−13〉 임하호 끄리(*O. amurensis*)의 해부장면

끄리(*O. amurensis*)를 해부해 본 결과, 임하호 끄리의 신장이 안동호 끄리보다 더 크고 어두운 적색을 나타냈다. 알의 형태는 임하호 끄리가 더 조밀하고 응집돼 있으며 더 많은 지방체가 내장기관에 분포돼 있었다(<그림 14 - 12, 14 - 13>).

14.3.2.3 백조어(*C. brevicauda*)의 내부형태

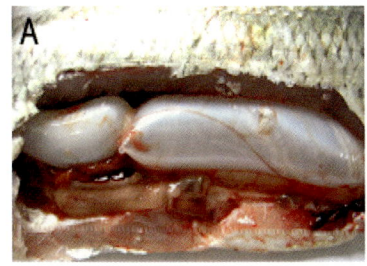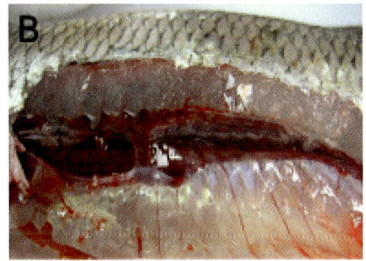

(A: 내부형태, B: 신장)

〈그림 14 - 14〉 안동호 백조어(*C. brevicauda*)의 해부장면

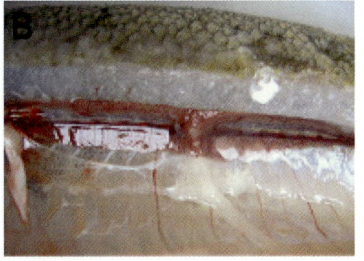

(A: 내부형태, B: 신장)

〈그림 14 - 15〉 임하호 백조어(*C. brevicauda*)의 해부장면

임하호 백조어(*C. brevicauda*)의 신장 크기가 더 작고 색이 연한 선홍색으로 나타낸 반면 안동호 백조어는 선명한 선홍색을 띠고 있었다. 간의 경우 안동호 백조어는 선명하고 투명하게 관찰됐으며 임하호 백조어는 어두운 갈색을 보였으며 알은 조밀하게 응집되지 않고 흩어져 있었으며 장 조직 사이에 지방 덩어리가 많았다(<그림 14-14, 14-15>).

14.3.2.4 쏘가리(*S. scherzeri*)의 내부형태

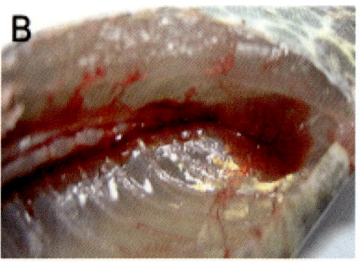

(A: 내부형태, B: 신장)

〈그림 14-16〉 안동호 쏘가리(*S. scherzeri*)의 해부장면

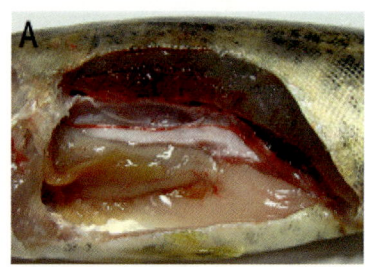
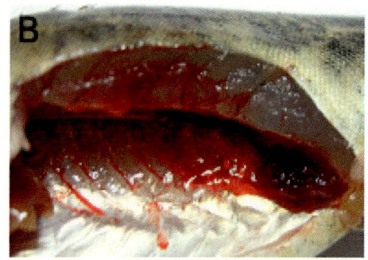

(A: 내부형태, B: 신장)

〈그림 14-17〉 임하호 쏘가리(*S. scherzeri*)의 해부장면

안동호 쏘가리(*S. scherzeri*)의 위와 장에는 먹이가 가득 차 있었으며 지방 덩어리가 적고 간이 선명하고 투명한 갈색을 나타냈다. 임하호 쏘가리의 장 주위에는 지방 덩어리가 많았고 간은 밝은 황색을 나타냈다. 신장의 경우 안동호 쏘가리보다 조직의 크기가 더 크며 진한 암적색을 나타냈다(<그림 14-16, 14-17>).

이상을 요약하면 신장은 임하호 어류의 색이 안동호보다 어두운 적색을 보였다. 그리고 장 주위의 지방체는 임하호 어류보다 안동호 어류가 더 많았다. 어류 알의 조밀도는 임하호 어류가 많이 분산된 형태를 보인 반면 안동호 어류는 응집된 형태로 나타냈다. 안동호 어류의 간조직은 선명한 선홍색을 보였고 임하호의 경우에는 불투명한 황색을 띠고 있었다. 이러한 현상은 영양상태가 나쁠 때 간조직은 황색을 나타내는 이론과 일치한다.

14.3.3 안동댐과 임하댐에 서식하는 어류의 어종별 전자현미경적 관찰

14.3.3.1 강준치(*E. erythropterus*) 아가미

 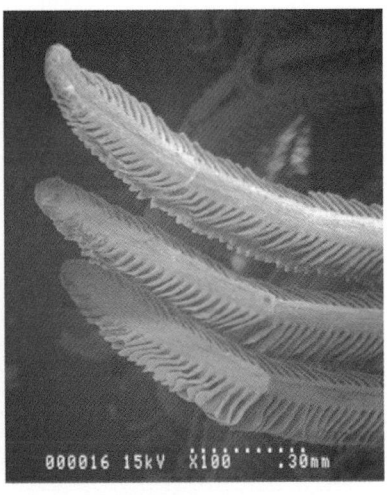

〈그림 14-18〉 안동호 강준치(*E. erythropterus*) 아가미의 전자현미경 촬영(×100) 〈그림 14-19〉 임하호 강준치(*E. erythropterus*) 아가미의 전자현미경 촬영(×100)

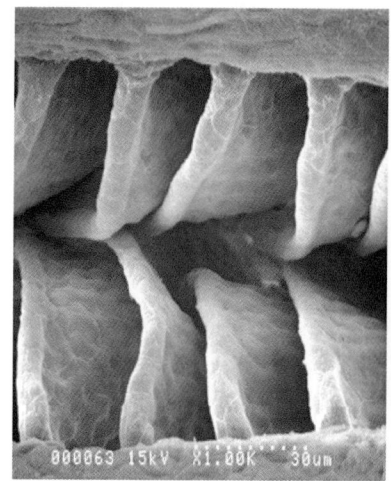 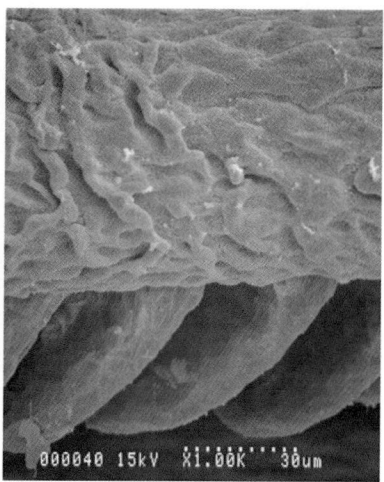

〈그림 14-20〉 안동호 강준치(*E. erythropterus*) 〈그림 14-21〉 임하호 강준치(*E. erythropterus*)
아가미의 고배율 전자현미경 촬영(×1000)　　　아가미의 고배율 전자현미경 촬영(×1000)

　강준치(*E. erythropterus*)를 전자현미경으로 관찰해 보면 안동호 강준치
는 전체적으로 아가미에 이물질이 없이 깨끗하고 이차새변이 일정한
간격으로 갈라져 있으며 두께도 일정했다(<그림 14-18, 14-20>).
반면 임하호 강준치는 이차새변의 표면이 안동호 강준치보다 거칠고
이물질이 많이 붙어 있었고 새변 간격이 불규칙했으며 이차새변의 상
피세포가 비대해진 부종(edema)도 관찰됐다(<그림 14-19, 14-21>).

14.3.3.2 치리(*H. eigenmanni*) 아가미의 주사 전자현미경적 소견

〈그림 14-22〉 안동호 치리(*H. eigenmanni*) 아가미의 전자현 미경 촬영(×100)

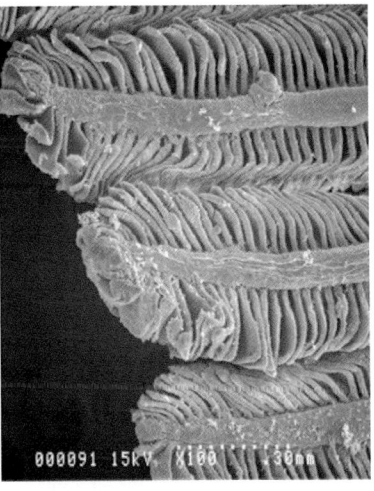

〈그림 14-23〉 임하호 치리(*H. eigenmanni*) 아가미의 전자현 미경 촬영(×100)

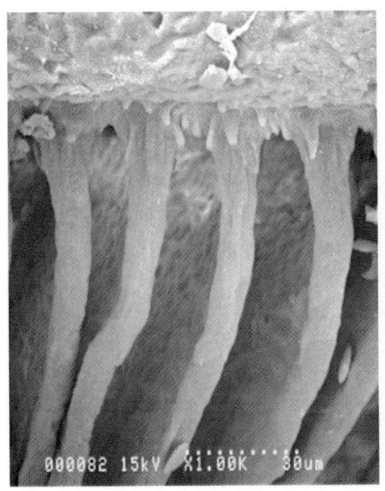

〈그림 14-24〉 안동호 치리(*H. eigenmanni*) 아가미의 고배율 전자현미경 촬영(×1000)

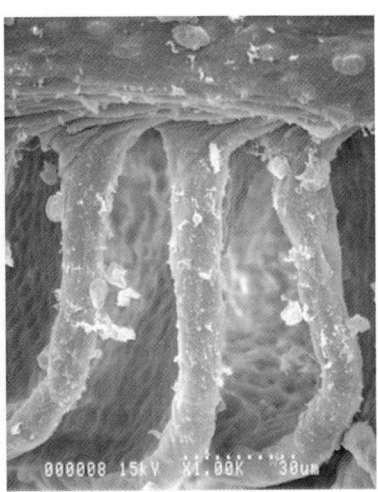

〈그림 14-25〉 임하호 치리(*H. eigenmanni*) 아가미의 고배율 전자현미경 촬영(×1000)

안동호 치리(*H. eigenmanni*)의 아가미에는 이물질이 없었으며 이차새변이 일정한 간격으로 갈라져 있고 두께도 일정했다(<그림 14-22, 14-24>). 임하호 치리는 이물질이 많았으며 이차새변의 간격이 불규칙하게 갈라져 있고 새변과 새변 사이에 이물질과 기생충도 관찰됐다(<그림 14-23, 14-25>).

14.3.3.3 백조어(*C. brevicauda*) 아가미의 주사 전자현미경적 소견

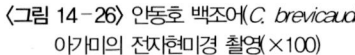
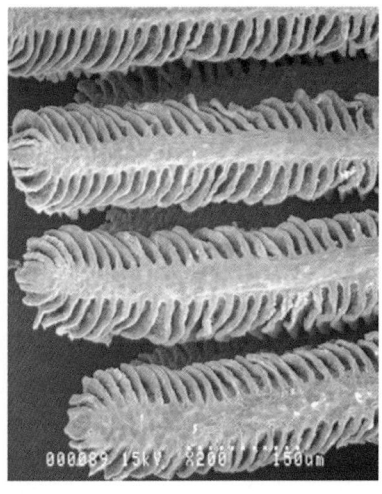

〈그림 14-26〉 안동호 백조어(*C. brevicauda*) 아가미의 전자현미경 촬영(×100)   〈그림 14-27〉 임하호 백조어(*C. brevicauda*) 아가미의 전자현미경 촬영(×200)

 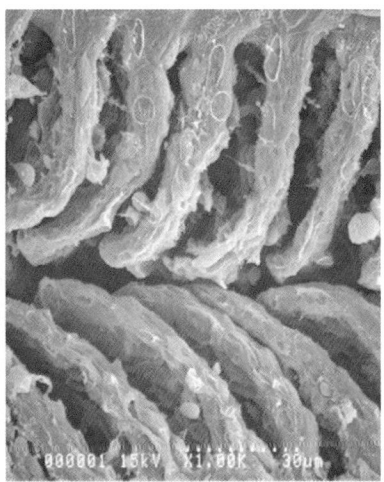

〈그림 14-28〉 안동호 백조어(*C. brevicauda*) 　　〈그림 14-29〉 임하호 백조어(*C. brevicauda*)
아가미의 고배율 전자현미경 촬영(×1000) 　　　아가미의 고배율 전자현미경 촬영(×1000)

　　안동호 백조어(*C. brevicauda*)는 이물질이 없이 표면이 매끄러웠으며
이차새변의 간격과 두께가 일정하게 나타났다(<그림 14-26, 14-
28>). 임하호 백조어는 이물질이 많았으며 이차새변의 간격이 불규
칙하고 두께도 일정하지 않았다. 또 표면이 거칠고 새변과 새변 사이
에는 이물질이 많았으며 이차새변은 많이 두꺼웠다(<그림 14-27,
14-29>).

14.3.3.4 메기(*S. asotus*) 아가미의 주사 전자현미경적 소견

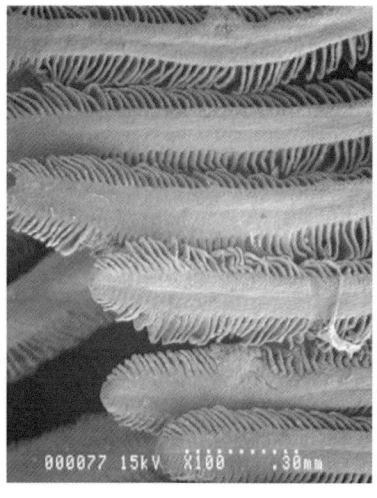 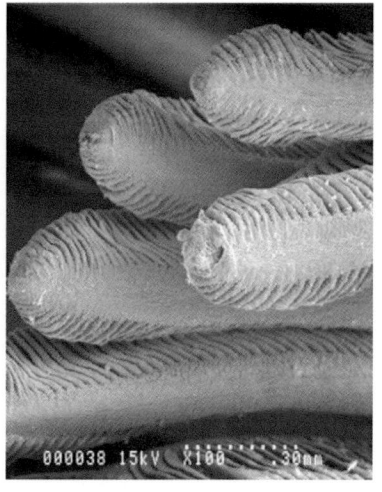

〈그림 14-30〉 안동호 메기(*S. asotus*)
아가미의 전자현미경 촬영(×100)

〈그림 14-31〉 임하호 메기(*S. asotus*)
아가미의 전자현미경 촬영(×100)

〈그림 14-32〉 안동호 메기(*S. asotus*)
아가미의 고배율 전자현미경 촬영(×1000)

〈그림 14-33〉 임하호 메기(*S. asotus*)
아가미의 고배율 전자현미경 촬영(×1000)

안동호 메기(*S. asotus*)는 이차새변의 간격과 두께가 일정했으며 새변과 새변 사이에 이물질이 관찰되지 않았다(<그림 14-30, 14-32>). 임하호 메기는 이차새변의 간격이 불규칙하고 두께가 일정하지 않았으며 이차새변이 많이 두꺼워진 형태로 관찰됐다(<그림 14-31, 14-33>).

주사전자현미경을 통해 임하호와 안동호에 서식하는 어류 아가미의 초미세구조를 관찰해 본 결과 안동호에 서식하는 어류의 아가미는 이차새변이 인접한 새변과 일정하게 배열돼 있으며 표면은 이물질이 없이 매끄러운 형태가 관찰됐다. 임하호 어류 아가미에서는 표면이 거칠고 이물질이 많이 부착되어 있었으며 이차새변 상피가 비대해진 부종현상이 나타났고 이차새변의 배열상태가 불규칙하게 굽어 있는 형태가 관찰됐다.

제15장 상수원의 항생물질 실태 조사

항생물질은 다양한 경로를 거쳐 환경에 노출되는데 적은 농도에도 인체와 면역체계, 생태계에 악영향을 준다. 이러한 항생물질이 댐으로 유입돼 음용수 처리과정에서 얼마나 제거될 수 있는지에 문제의 심각성이 있다.

실제로 항생물질이 하수처리장에 유입돼 제거되는 비율은 40% 정도에 지나지 않는다는 연구 보고가 있다(Terns, 1998; Derksen et al., 2004). 생활하수나 축산 폐수와 같이 일반적인 오염 물질을 정화·처리하도록 설계된 하수처리시설에서 항생물질을 제거하는 데 한계가 있을 수밖에 없다.

15.1 항생물질 오염 평가

식품의약품안전청, 서울시 보건환경연구원, 환경부 연구보고서, 보도자료 등을 이용해 항생물질 오염평가를 실시했다.

15.1.1 한강 본류를 대상으로 한 평가

서울시보건환경연구원과 용인대학교(김판기 교수), 서울대학교(최경호 교수), 한국환경정책평가연구원(박정임 박사) 연구팀은 2004년부터 2007년까지 한강에 잔류하는 19종의 의약품 및 항생제 오염평가를 실시했다.

현재 자연수역에 대한 잔류의약품의 기준은 설정되어 있지 않으며 이들 의약품이 자연수역에 존재할 경우 생태계 교란현상과 항생제 내성균이 출현하고 임산부나 어린이, 노약자 등에게는 치명적인 피해를 줄 우려가 높다.

조사대상은 서울시민의 먹는 물 공급원인 한강본류 10개소(팔당호 3, 잠실수중보 이전 3, 잠실수중보 이후 4), 한강지류 11개소(북한강 5, 남한강 6) 및 지천인 경안천 3개소 등 총 24개소와 서울시 4개 하수처리장 및 시민이 직접 음용하는 수도전 4개소(암사 및 구의정수장 공급 각 2개소)이었다(<그림 15-1>).

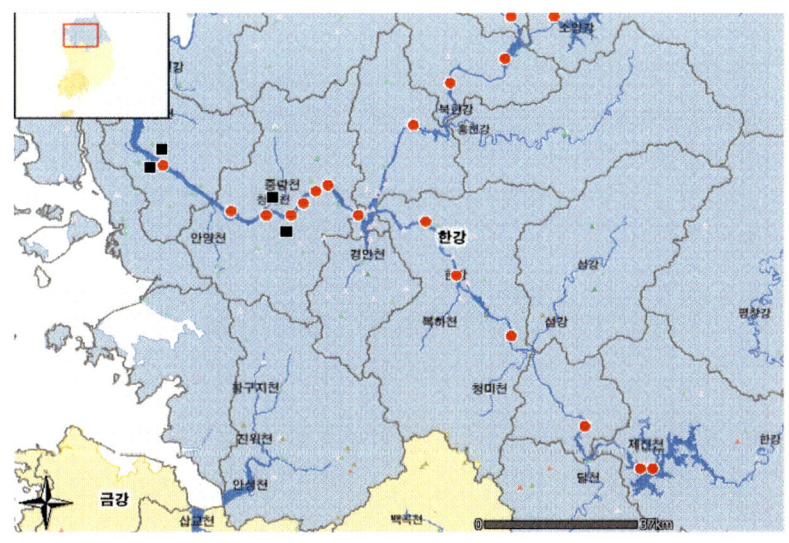

※ ■ 표시는 하수처리시설, ● 표시는 지표수 시료채취지점

〈그림 15 - 1〉 환경 중 의약물질 시료채취지점과 하수처리장 위치

시료는 2004년부터 봄, 여름, 가을 계절별로 연간 3~4회 채취했으며 선정된 의약품 19종은 국내에서 많이 사용되는 일반의약품과 동물용항생제 등으로 물에서 검출빈도가 높고 잔류성이 큰 것을 선정, 분석했다(<표 15 - 1>).

〈표 15 - 1〉 한강의 의약물질 검출현황

의약물질명	물질명 약어	종류	한강본류 중 상류 1),2),3),4)				한강본류 중 하류 1),2),3),4)			
			검출수 (시료수)	검출률 (%)	평균 (ng/L)	95% UCL	검출수 (시료수)	검출률 (%)	평균 (ng/L)	95% UCL
아세트아미노펜	AAP	해열제	0(3)	0	—	—	9(9)	100	43.2	70.2
카바마제핀	CBZ	간질환	1(3)	33	3.7	—	7(9)	78	10.3	16.4
시메티딘	CMT	위장약	0(3)	0	—	—	7(9)	78	424.6	842.5
딜티아젬	DTZ	고혈압	0(3)	0	—	—	1(9)	11	37.0	42.6

설파메속사졸	SMX	항생제	7(18)	39	31.3	41.6	15(21)	71	50.8	73.6
설파티아졸	STZ	항생제	1(18)	6	14.8	18.5	0(21)	0	—	—
설파메사진	SMZ	항생제	2(18)	11	15.0	20.1	1(21)	5	10.1	10.3
설파디메사진	SDM	항생제	4(18)	22	14.2	20.9	6(21)	29	10.0	10.4
설파클로피리다진	SChP	항생제	1(18)	6	19.2	26.2	0(21)	0	—	—
트리메소프림	TMP	항생제	11(28)	61	50.5	89.7	16(29)	55	28.9	38.7
옥시테트라사이클린	OTC	항생제	2(15)	13	99.9	243.6	0(12)	0	—	—
테트라사이클린	TC	항생제	3(15)	20	190.8	420.2	0(12)	0	—	—
클로르테트라이클린	ChTC	항생제	2(15)	13	79.5	163.3	0(12)	0	—	—
엔로플록사신	EFX	항생제	7(15)	47	19.7	30.4	4(12)	33	11.7	13.7
플로르페니콜	FFC	항생제	6(15)	40	58.0	96.2	4(12)	33	33.3	51.9
카바독스	CBX	항생제	1(15)	7	5.3	—	0(12)	0	—	—
버지니아마이신	VGM	항생제	1(15)	7	21.8	42.6	0(12)	0	—	—
록시스로마이신	RTM	항생제	7(10)	70	3.8	7.8	7(8)	88	14.5	34.2
클로람페니콜	ChPC	항생제	3(10)	30	17.7	25.2	2(8)	25	13.9	18.7

1) 김판기, 김민영, 최경호, 한강 물환경의 의약품 오염과 담수 생태계에 미치는 영향평가, 한국학술진흥재단, 2004-5.
2) 김판기, 김민영, 최경호, 주요 동물용 항생제와 합성항균제의 한강수계 상류지역의 환경오염과 인체 및 생태위해성 평가, 한국학술진흥재단, 2005-6.
3) 박정임, 최경호, 김창수, 의약물질의 환경위해성 평가체계 구축방안,한국환경정책평가연구원, 2006.
4) 박정임, 김민영, 최경호, 의약물질의 환경위해성 관리방안 연구 : 한강수계의 의약물질 농도예측 모형 연구를 중심으로,한국환경정책평가연구원, 2007.
※ 검출한계는 대상 물질에 따라 1〜20ng/L(ppt) 수준

　조사결과 한강에서는 아세트아미노펜 등 6종 의약품이, 경안천에서는 카바마제핀 등 4종이 50% 이상 검출됐다.

　한강 상류에서는 록시스로마이신(70%), 트리메소프림(61%)이 높은 빈도로 검출됐으며 특히 고 농도로 검출된 의약물질은 테트라사이클린(평균 0.191ppb), 옥시테트라사이클린(0.100ppb), 클로르테트라사이클린(0.080ppb) 등으로 주로 동물용으로 사용되는 항생제였다.

　한강 하류에서는 아세트아미노펜, 카바마제핀 등 6종의 의약물질이 50% 이상의 검출률을 보였고 시메티딘이 평균 0.425ppb로 비교적 높은 농도로 검출되었다.

한강하류에서는 주로 인체에 사용되는 의약품이 검출되었다.

서울시 하수처리장의 의약물질 처리효율을 측정하기 위해 하수처리장 유입수와 방류수의 의약물질을 조사한 결과 일부 의약물질을 제외한 대부분이 하수처리장에서 유효하게 제거되는 것으로 나타났다(<표 15-2>).

〈표 15-2〉 주요 지류에서의 의약물질 검출현황

의약물질명	물질명 약어	남한강 2), 3)			북한강 2), 3)				경안천 1), 2), 3), 4)			
		검출률 (%)	평균	95% UCL	검출수 (시료수)	검출률 (%)	평균 (ng/l)	95% UCl	검출수 (시료수)	검출률 (%)	평균 (ng/l)	95% UCl
카바마제핀	CBZ	−	−	−	−		−	−	10 (12)	83	29.1	45.6
시메티딘	CMT	−	−	−	−		−	−	4 (12)	33	36.3	57.6
딜티아젬	DTZ	−	−	−	−		−	−	4 (12)	33	43.0	61.9
설파메속사졸	SMX	24	13.2	16.6	0 (15)	0	ND	ND	92 (138)	67	35.7	41.3
설파티아졸	STZ	0	ND	ND	0 (15)	0	ND	ND	10 (52)	19	23.3	28.5
설파메사진	SMZ	0	ND	ND	0 (15)	0	ND	ND	24 (52)	46	33.2	43.4
설파디메사진	SDM	0	ND	ND	3 (15)	20	13.3	19.2	1 (52)	2	10.9	12.3
설파클로피리다진	SChP	12	13.1	17.9	0 (15)	0	ND	ND	0 (52)	0	ND	ND
트리메소프림	TMP	29	13.6	21.8	5 (25)	20	9.6	13.1	63 (164)	38	9.1	10.5
옥시테트라사이클린	OTC	0	ND	ND	0 (15)	0	ND	ND	2 (40)	5	10.6	11.4
테트라사이클린	TC	12	33.3	61.1	0 (15)	0	ND	ND	4 (40)	10	11.7	13.2
클로로테트라사이클린	ChTC	6	10.2	10.5	0 (15)	0	ND	ND	8 (40)	20	30.1	53.4
엔로플록사신	EFX	12	11.2	12.6	6 (15)	40	19.7	34.1	38 (126)	30	19.3	23.9
플로르페니콜	FFC	6	10.4	11.1	0 (15)	0	ND	ND	15 (126)	12	19.4	28.1
카바독스	CBX	0	ND	ND	0 (15)	0	ND	ND	1 (40)	3	49.2	115.2
버지니아마이신	VGM	0	ND	ND	0 (15)	0	ND	ND	0 (52)	0	ND	ND
록시스로마이신	RTM	36	1.0	1.8	4 (10)	40	1.8	3.5	19 (26)	73	5.4	7.8
클로람페니콜	ChPC	9	11.6	14.4	0 (10)	0	ND	ND	1 (26)	4	10.8	12.1

1) 김판기, 김민영, 최경호. 한강 물환경의 의약품 오염과 담수 생태계에 미치는 영향평가. 한국학술진흥재단, 2004-5.
2) 김판기, 김민영, 최경호. 주요 동물용 항생제와 합성항균제의 한강수계 상류지역의 환경오염과 인체 및 생태위해성 평가. 한국학술진흥재단, 2005-6.
3) 박정임, 최경호, 김창수. 의약물질의 환경위해성 평가체계 구축방안,한국환경정책평가연구원, 2006.
4) 박정임, 김민영, 최경호. 의약물질의 환경위해성 관리방안 연구: 한강수계의 의약물질 농도예측 모형 연구를 중심으로. 한국환경정책평가연구원, 2007.
※ 검출한계는 대상 물질에 따라 1~20ng/L(ppt) 수준

경안천에서는 아세트아미노펜, 설파메속사졸 등이 67% 이상 검출됐고 카바독스가 평균 0.049ppb, 아세트아미노펜이 평균 0.040ppb 검출됐으며 인체에 사용되는 의약품과 동물용 항생제가 모두 검출됐다(<표 15-2>).

남한강과 북한강에서 록시스로마이신이 각각 36%, 40% 검출되었으며 검출된 의약물질의 평균 농도는 0.020ppb 이하로 낮게 나타났다(<표 15-2>).

<표 15-3> 하수처리장 유입수 및 방류수에서의 의약물질 검출현황

의약물질명	하수처리장유입수 1), 2), 3), 4)				하수처리장방류수 1), 2), 3), 4)			
	검출수 (시료수)	검출률 (%)	평균 (ng/L)	95% UCL	검출수 (시료수)	검출률 (%)	평균 (ng/L)	95% UCL
아세트아미노펜	12 (12)	100	26947.2	36127.1	2 (12)	17	5.4	6.0
카바마제핀	10 (12)	83	151.4	225.3	10 (12)	83	93.2	129.2
시메티딘	12 (12)	100	8044.8	10906.0	11 (12)	92	4933.6	5996.5
딜티아젬	4 (12)	17	30.2	37.9	2 (12)	17	34.9	41.1
설파메속사졸	30 (30)	10	457.1	558.4	31 (32)	97	266.0	351.6
설파티아졸	4 (30)	13	81.4	132.8	2 (32)	6	31.2	48.8
설파메사진	18 (30)	60	1568.1	2207.2	12 (32)	38	109.6	192.9
설파디메사진	6 (30)	20	27.0	41.4	5 (32)	16	12.2	15.3
설파클로피리다진	17 (30)	57	330.9	441.0	8 (32)	25	33.2	43.9
트리메소프림	45 (46)	98	151.8	211.0	40 (46)	87	53.8	67.1
옥시테트라사이클린	1 (18)	6	25.3	52.0	0 (20)	0	ND	ND
테트라사이클린	1 (18)	6	23.0	45.6	0 (20)	0	ND	ND
클로로테트라사이클린	2 (18)	11	556.5	1199.0	0 (20)	0	ND	ND
엔로플록사신	1 (18)	6	20.6	39.1	1 (20)	5	16.2	26.8
플로르페니콜	9 (18)	50	284.6	496.5	2 (20)	10	16.8	26.5
카바독스	0 (18)	0	ND	ND	0 (20)	0	ND	ND
버지니아마이신	0 (18)	0	ND	ND	0 (20)	0	ND	ND
록시스로마이신	16 (16)	100	90.8	123.3	13 (14)	93	89.9	118.6
클로람페니콜	7 (16)	44	145.7	353.8	6 (14)	43	26.7	38.6

※ 검출한계는 대상 물질에 따라 1~20ng/L(ppt) 수준이었으며, 하수처리장 유입·유출수의 경우는 50ng/L 수준임

하수처리장 유입수에서는 조사대상 의약물질 19종이 모두 검출됐다. 특히 아세트아미노펜, 시메티딘, 록시스로마이신은 100% 검출됐고 아세트아미노펜의 평균 농도는 26.9ppb로 가장 높았으나 방류수에서의 검출률은 17%, 평균 농도는 0.005ppb로 100% 가까운 제거율을 보였다.

반면 시메티딘과 록시스로마이신은 방류수에서의 검출률(90% 이상)과 검출 농도를 고려할 때 제거효율이 낮은 것으로 나타났다(<표 15 - 3>).

수도전 4개소를 조사한 결과 조사대상 19개 의약물질 모두 검출되지 않아 서울시민이 먹는 수돗물은 조사된 의약품 오염으로부터는 안전한 것으로 나타났다.

의약물질의 수서생태 독성 평가 결과, 한강 상류지점에서 옥시테트라사이클린(108개 시료 중 2건), 클로르테트라사이클린(108개 시료 중 3건), 경안천에서 클로르테트라사이클린(40개 시료 중 8건)이 유해도지수 1 이상으로 나타났다. 그러나 한강에서의 옥시테트라사이클린과 클로르테트라사이클린의 검출률은 매우 낮았다. 이러한 결과는 일시적으로 고농도로 유입된 특별한 시점의 결과로 추정된다.

15.2 4대강 유역을 대상으로 한 평가

4대강(한강·낙동강·금강·영산강) 유역의 하천수와 하수처리장, 축산폐수처리장의 유입수와 방류수 등 40개 지점을 대상으로 의약물질 27종을 조사한 결과 하천수에서 조사대상 의약물질 27종 중 15종이 검출됐고 오염 수준은 미국 등 다른 나라와 같거나 약간 높게 나타났다.

클로르테트사이클린(동물용 항생/항균제)이 최고 5.404 ㎍/L, 설파
티아졸(동물용 항생/항균제)이 최고 1.882 ㎍/L으로 상대적으로 다른
의약품보다 높게 검출됐으며 검출빈도는 아세틸살리실산(진통소염
제)이 80%로 가장 높았다.

인체영향 추정 약효량(의약품이 약효를 나타낼 수 있는 양)은 클로
르테트라시클린(하루 1,000,000 ㎍)과 설파티아졸이 포함된 설폰아미
드류(하루 800,000〜2,000,000 ㎍) 등으로 1L당 검출량이 약효량의 약
1/10〜100만 수준이다.

하수처리장 방류수에서는 네오마이신(최고 7.8 ㎍/L) 등 13종이 검
출됐고 축산폐수처리장 방류수에서 설파티아졸(최고 241.7 ㎍/L) 등
16종이 검출됐다.

미국, 유럽 등에서는 신약을 승인할 때 어류, 무척추동물 등에 대
한 생태독성 등의 자료를 제출하도록 하고 있으나 이들 의약물질에
대한 환경 규제기준은 없는 실정이다.

〈표 15-4〉 하수 및 축산폐수처리장 유입수, 방류수, 인근 하천수 조사결과

의약물질 (㎍/L)	하수처리장(검출지점수) (최소-최대)			축산폐수처리장(검출지점수) (최소-최대)			검출한계 (㎍/L)
	유입수 (n=10)	방류수 (n=10)	하천수 (n=24)	유입수 (n=10)	방류수 (n=10)	하천수 (n=16)	
아세트 아미노펜	26.910 (n=9) (15.40-50.00)	N.D.	0.137 (n=1)	79.111 (n=2) (47.34-110.88)	N.D.	0.126 (n=1)	0.0001
설파티아졸	0.031 (n=1)	N.D.	0.494 (n=4) (0.01-1.88)	317.445 (n=8) (1.14-659.74)	30.416 (n=8) (0.005-241.672)	0.264 (n=7) (0.03-1.38)	0.0002
설파메타진	N.D.	N.D.	0.296 (n=1)	34.089 (n=7) (0.33-69.69)	37.244 (n=1)	0.197 (n=2) (0.091-0.30)	0.00002
카바독스	N.D.	N.D.	N.D.	N.D.	N.D.	N.D.	0.0001

물질명								검출한계
설파메톡사졸		1.025 (n=9) (0.32−2.02)	0.496 (n=8) (0.15−0.82)	0.086 (n=5) (0.04−0.17)	36.994 (n=2) (0.15−73.84)	1.387 (n=6) (0.08−6.92)	0.302 (n=2) (0.17−0.44)	0.002
린코마이신		0.263 (n=10) (0.09−0.56)	0.214 (n=9) (0.01−0.51)	0.061 (n=8) (0.002−0.25)	60.160 (n=9) (0.10−235.78)	7.589 (n=7) (0.11−25.86)	0.146 (n=7) (0.01−0.34)	0.00009
트리메소프림		0.043 (n=6) (0.03−0.06)	0.040 (n=6) (0.008−0.07)	0.010 (n=2) (0.008−0.01)	2.097 (n=2) (0.60−3.60)	0.067 (n=5) (0.003−0.16)	0.018 (n=2) (0.01−0.02)	0.0006
클로르테트라사이클린		0.527 (n=5) (0.04−1.78)	0.184 (n=5) (0.03−0.41)	0.823 (n=9) (0.02−5.40)	1119.483 (n=10) (0.08−2959.51)	99.890 (n=9) (0.22−523.65)	0.299 (n=9) (0.02−2.24)	0.0002
옥시테트라사이클린		N.D.	N.D.	N.D.	435.758 (n=3) (158.21−741.46)	19.020 (n=2) (2.81−35.23)	N.D.	0.0004
엔로플록삭신		N.D.	N.D.	0.048 (n=3) (0.03−0.08)	N.D.	0.183 (n=3) (0.01−0.53)	0.050 (n=2) (0.01−0.09)	0.0002
시프로플록삭신		0.013 (n=1)	0.085 (n=3) (0.001−0.24)	0.001 (n=1)	0.161 (n=2) (0.03−0.29)	N.D.	0.008 (n=2) (0.004−0.01)	0.0001
에리스로마이신−H_2O		0.178 (n=10) (0.07−0.34)	0.090 (n=9) (0.04−0.21)	0.028 (n=7) (0.025−0.033)	0.358 (n=8) (0.03−2.04)	0.070 (n=5) (0.05−0.10)	0.027 (n=5) (0.02−0.03)	0.0004
타이로신		N.D.	N.D.	N.D.	1.772 (n=7) (0.06−4.19)	1.899 (n=1)	N.D.	0.0005
디클로페낙−소듐		0.019(n=1)	0.050(n=5) (0.030−0.079)	N.D.	N.D.	0.025(n=2) (0.022−0.028)	N.D.	0.002
나프록센		1.096(n=7) (0.33−3.31)	0.114(n=5) (0.01−0.39)	0.030(n=6) (0.01−0.07)	0.224(n=1)	0.038(n=2) (0.035−0.041)	0.026(n=3) (0.004−0.06)	0.0002
이부프로펜		0.767(n=3) (0.18−1.25)	0.075(n=1)	N.D.	0.158(n=1)	N.D.	0.108(n=1)	0.002
탈니플루메이트		N.D.	N.D.	N.D.	N.D.	N.D.	N.D.	0.005
메페남산		0.212(n=8) (0.002−0.99)	0.264(n=9) (0.05−0.64)	0.026(n=8) (0.01−0.07)	0.037(n=5) (0.005−0.06)	0.148(n=5) (0.011−0.28)	0.089(n=3) (0.03−0.15)	0.0009
세파드록실		N.D.	0.093(n=1)	N.D.	N.D.	N.D.	N.D.	0.005
아목시실린		N.D.	N.D.	N.D.	N.D.	N.D.	N.D.	0.006
암피실린		N.D.	N.D.	N.D.	N.D.	N.D.	N.D.	0.001
페니실린 G 로케인	페니실린 G	N.D.	N.D.	N.D.	N.D.	0.480(n=2) (0.26−0.70)	N.D.	0.007
	프로케인	N.D.	N.D.	N.D.	0.344(n=2) (0.23−0.46)	1.649(n=1)	N.D.	0.02
네오마이신		1.380(n=1)	7.830(n=1)	0.94(n=1)	1.390(n=3) (1.06−1.62)	1.005(n=2) (0.97−1.04)	N.D.	.00008
아세틸살리실산		5.113(n=10) (0.09−12.69)	0.116(n=7) (0.035−0.22)	0.079(n=21) (0.029−0.269)	13.336(n=10) (0.03−46.44)	0.080(n=8) (0.032−0.24)	0.036(n=11) (0.024−0.067)	0.0005
세파트리진		N.D.	N.D.	N.D.	N.D.	N.D.	N.D.	0.08
세파클러		N.D.	N.D.	N.D.	N.D.	N.D.	N.D.	0.01
세프라딘		0.102(n=3) (0.08−0.12)	N.D.	N.D.	0.072(n=1)	N.D.	N.D.	0.005

※ N.D.: 불검출(검출한계 이하)
▶ 자료: 07년('07. 4~'07. 12)에 4대강 하천수 및 하수·축산폐수에 대해 의약물질 오염 조사(환경부)

15.3 정수장의 항생물질

항생제는 인체에 축적, 내성이 생길 경우 슈퍼박테리아까지 출현시킬 수 있는 것으로 의학계와 보건당국 등에서도 매우 엄격하게 관리하는 물질이다. 항생 물질이 하천이나 호수에 녹아 있으면 심각한 문제를 일으킬 수 있기 때문에 수질관리 차원에서 항상 모니터링을 하고 있다.

그런데 전국 정수장에서도 각종 항생물질이 검출됐다.

한국수자원공사는 항생물질 실태조사를 통한 먹는 물 안전성과 신뢰도 확보를 위해 광역상수도 정수장 31개소(원·정수)를 대상으로 2007년 1월부터 2008년 9월까지 항생물질 실태조사를 실시했다.

조사항목은 2007년에 3항목(테트라사이클린, 옥시테트라사이클린, 클로르테트라사이클린)과 2008년에 11항목(테트라사이클린, 옥시테트라사이클린, 클로르테트라사이클린, 설파디메톡신, 설파메라진, 설파메타진, 설파메톡사졸, 설파모노메톡신, 설파퀴녹살린, 설파클로르피리다진, 설파티아졸)으로 정했다.

분석 결과 정수에서는 항생물질이 검출되지 않았으나 원수에서 미량($0.014\mu g/L \sim 0.064\mu g/L$)이 검출되었다.

항생물질이 검출된 정수장 대부분이 한강을 원수로 사용하고 있는 것으로 나타났다. 항생물질이 정수에서 발견되지 않은 것은 정수과정에 사용되는 정수약품에 의해 다른 물질로 변환될 가능성이 높을 것으로 판단됐다.

〈표 15－5〉 2008년 2/4분기 잔류의약물질 실태조사 결과(원수)

(단위: mg/L(ppm))

정수장명	테트라사이클린 (tetracycline)	클로로테트라사이클린 (chlorotetracycline)	옥시테트라사이클린 (oxytetracycline)	설파디메톡신 (sulfadimethoxine)	설파메라진 (sulfamerazine)	설파메타진 (sulfamethazine)	설파메톡사졸 (sulfamethoxazole)	설파모노메톡신 (sulfamonomethoxine)	설파퀴녹살린 (sulfaquinoxaline)	설파클로르피리다진 (sulfachloropyridazine)	설파티아졸 (sulfathiazole)
와부정수장	불검출	불검출	불검출	불검출	불검출	불검출	0.022	불검출	불검출	불검출	불검출
덕소정수장	불검출	불검출	불검출	불검출	불검출	불검출	0.023	불검출	불검출	불검출	불검출
일산정수장	불검출	불검출	불검출	불검출	불검출	0.014	0.023	불검출	불검출	불검출	불검출
반월정수장	불검출	불검출	불검출	불검출	불검출	0.015	0.0015	불검출	불검출	불검출	불검출
시흥정수장	불검출	불검출	불검출	불검출	불검출	0.043	0.02	불검출	불검출	불검출	불검출
성남정수장	불검출	불검출	불검출	불검출	불검출	0.021	0.021	불검출	불검출	불검출	0.026
수지정수장	불검출	불검출	불검출	불검출	불검출	0.014	0.023	불검출	불검출	불검출	불검출
석성정수장	불검출	불검출	불검출	불검출	불검출	불검출	0.064	불검출	불검출	불검출	불검출
반송정수장	불검출	불검출	불검출	불검출	불검출	0.021	0.044	불검출	불검출	불검출	0.021
산성정수장	불검출	불검출	불검출	불검출	불검출	불검출	불검출	불검출	불검출	불검출	0.019

　　항생물질이 검출 된 정수장은 한강 수계의 와부 정수장과 덕소 정수장, 일산정수장, 시흥정수장, 반월정수장, 성남정수장과 금강수계의 석성정수장, 정읍의 산성 정수장, 반송정수장 등이다.

　　그렇다면 수도권의 식수로 사용되는 한강에는 얼마나 많은 항생물질이 함유되어 있을까?

　　광주과학기술원의 조사 결과 한강 물속에는 다섯 종류의 의약품과 항생물질이 함유된 것으로 밝혀졌다. 다른 기관의 조사에서는 남한강의 경우 모두 9종의 항생물질이, 북한강은 모두 4종류, 팔당호에 직접 영향을 주는 경안천은 모두 16종의 항생물질이 검출됐다.

　　특히 영남의 식수원인 낙동강 유역의 하수처리장 방류수에서는 한강보다 높은 수치의 항생물질이 검출됐다. 하수처리장에서는 항생물질이 거의 제거되지 않는 것으로 나타나고 있다.

우리나라 강과 호수가 항생물질이 검출되는 것은 의약품 관리 부실이 가장 큰 원인이다. 유효기간이 지난 의약품들은 쓰레기와 함께 버려지고 물약은 하수구로 버려지지만 아무런 규제를 받지 않는다. 가축 사료와 섞어 사용하는 항생제도 위험요소이다. 동물용항생제 사용량은 우리나라가 세계 최고 수준으로 스웨덴의 130여 배에 이른다.

항생물질에 장기간 노출되면 내성균의 증가, 감염증의 변모, 부작용의 출현 등 위험성이 많지만 우리나라는 기초적인 연구와 관리에 그치고 있다.

15.4 정수장의 바이러스 검출

정수장에서 병원성 미생물인 바이러스가 검출되고 있다.

한국수자원공사가 2003년 7월부터 2006년 3월까지 26개 정수장의 원수 24개 지점을 대상으로 바이러스 분포실태를 조사한 결과 총 192건 중 32.8%인 63건에서 바이러스가 검출됐으며 바이러스 평균 농도가 3.1MPN/100L로 나타났다.

정수장별로 보면 석성정수장(취수구역－금강광역)이 가장 높게 검출됐으며 산성(취수구명－칠보), 일산(취수구명－자양), 반송(취수구명－본포) 등도 바이러스 검출 농도가 비교적 높게 나타났다.

<표 15-6> 바이러스 검출 정수장(원수)

정수장명	취수구명	연도별, 분기별(MPN/100 L)			
		2007년(4/4)	2008년(1/4)	2008년(2/4)	2008년(3/4)
석성	금강구역	1.0	5.8	1.0	1.0
산성	칠보	3.3	4.5	–	–
반송	본포	–	–	4.4	4.4
자인	자인	–	–	–	2.1

한국수자원공사의 2차 조사기간인 2007년 7월부터 2008년 10월 6일 까지의 조사에서도 정수장 원수 분석 시료 34개 중 29%의 시료에서 바이러스가 검출됐으며 바이러스 평균농도는 1.0MPN/100L로 나타났다.

MPN/100L는 바이러스의 검출농도로서 100L에 포함된 바이러스의 최적확수를 의미한다.

우리나라의 경우 상수원수에 대해 바이러스 기준치가 정해져 있지 않다. 다행히 정수장에서 정수처리를 거친 분석 시료 10곳의 수돗물 에서는 바이러스가 검출되지 않았다. 병원성 미생물인 바이러스가 소독과정을 거치면서 의해 사멸된 것인데 예기치 않은 정수장 사고나 처리효율이 떨어질 경우 수돗물을 통해 바이러스가 인체로 들어와 피해를 주게 된다.

현재까지 알려진 바이러스는 A형 간염 바이러스, 노로 바이러스 등 130여 종이 있으며 새로운 종이 계속 발견되고 있다. 바이러스에 감염되면 심한 경우 뇌수막염, 폐렴, 간염, 마비 등을 일으킬 수 있으므로 원수의 수질관리가 매우 중요하다.

제16장 태형동물

　호수는 시간의 경과에 따라 수질환경의 변화를 가져오며 생물상도 점진적으로 변화하는 천이(succession)가 일어나며 수역에 따라 많은 차이가 있다(최재석, 2005).

　태형동물(Bryozoa)은 수중에 생존하는 무척추동물로서 이끼벌레(moss animal)라고도 불리는 총담동물(Lophophorates)류로 촉수를 가지며 서로 붙어 큰 군체를 형성하는데 종류에 따라서는 군체 크기가 수십cm에 이르는 경우도 있다. 세계적으로 4,000여 종이 분포하고 있으나 대부분은 바다에 존재하고 단지 50여 종만이 담수에 서식하는데 이들 종들은 모두 피후강(Phylactolaemata)에 속하고 지역에 따라 분포되는 종이 다르다. 특징은 여름부터 가을 사이에 휴면아(statoblast)를 생성해 이듬해 봄에 환경상태가 양호하면 발아한다.

　우리나라에 출현한 태형동물은 1928년에 1종, 1943년에 9종, 최근 기록된 1종을 포함해 총 11종에 이른다.

16.1 태형동물의 유입경로와 분포

무척추동물인 태형동물은 북미산으로 배스가 한국에 착륙할 때 태형동물 포자가 배스의 몸속으로 유입돼 한반도 댐으로 들어 온 것으로 추정된다.

바다의 해파리같이 생긴 태형동물은 90년대 말, 전국의 댐으로 확산됐으나 독성이 있는지에 대해서는 전문가들조차 의견이 분분했다.

필자의 수중조사 결과 태형동물이 발견된 곳은 소양강댐과 춘천댐, 의암댐, 팔당댐으로 과거에 많이 발견됐던 안동댐, 임하댐, 대청댐, 충주댐, 주암댐에서는 전혀 관측되지 않은 반면, 과거에는 발견되지 않았던 팔당댐에서 관측이 됐다.

태형동물은 수온이 높고 오염이 비교적 심한 곳에서 잘 자라는 것으로 확인됐는데 우리나라 댐의 수질조건이 태형동물이 서식하기 적합한 것으로 나타났다. 그러나 과거에 발견됐던 댐에서 관측되지 않은 것이 수수께끼로 남아 있다. 그리고 수중촬영에서 태형동물이 있는 곳에서는 다른 물고기는 찾아볼 수 없어 태형동물이 댐의 수중생태계를 교란시키고 있을 가능성이 높을 것으로 예측됐다. 특히 필자의 수중조사에서 배스가 태형동물을 잡아먹는 장면이 최초로 카메라에 포착됐다.

그동안 태형동물은 수질오염과 밀접한 관계는 없는 것으로 알려지고 있으나 생태적 특성상 댐 축조에 따른 물의 정체, 수생식물, 가두리양식장의 그물 등에 달라붙어 증식하고 있다.

16.1.1 소양호

지자체에서 소양호의 생태적 특성을 고려하지 않은 채 각종 어류를 방류해 호수 생태계의 교란이 일어나고 있다. 또 소양호에 집중호우의 빈도가 증가함에 따라 많은 양의 흙탕물이 유입되면서 어류는 물론 댐 하류의 생태계에도 악영향을 끼치고 있다.

소양호 태형동물은 수심 0~3m에서 집중적으로 서식하고 있고 있으며 수심 6m가 넘는 곳에서는 살지 않은 것으로 확인됐다.

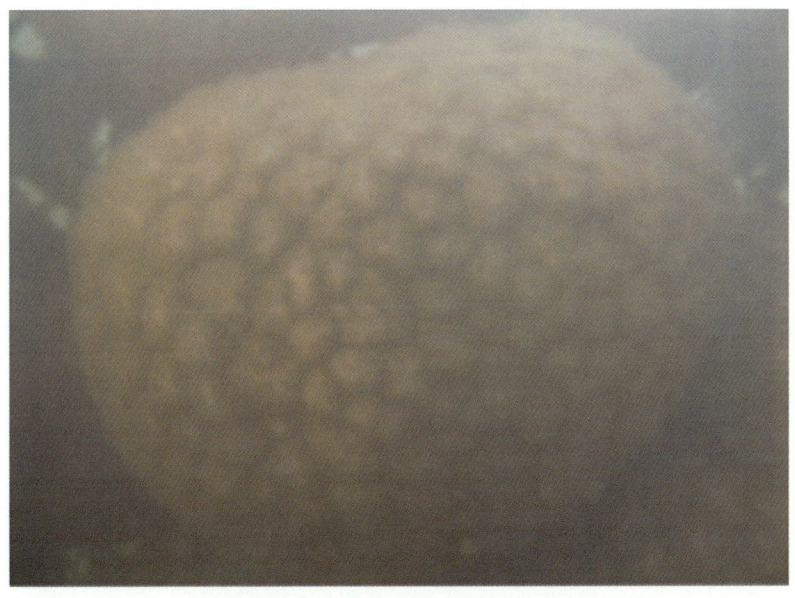

〈그림 16－1〉 소양강댐에서 촬영한 태형동물

16.1.2 춘천호

춘천호에는 환경부 생태계교란야생동식물로 지정된 외래어종 큰입우럭의 개체군 증가로 호수 내 생태계가 교란되고 있으며 산천어 개체군이 증가하고 있다.

춘천호에서는 수심이 얕은 그물에 태형동물이 붙어살고 있으며 수심 5.7m가 넘는 퇴적층에서는 발견되지 않고 있다.

16.2 태형동물의 독성실험

태형동물은 어떤 독성을 가지고 있으며 호소 생태계에는 어떤 영향을 미칠까?

우리나라 댐에 서식하는 태형동물의 독성에 대해서는 아직까지 규명된 사실이 없다. 다만 태형동물과 접촉한 경험이 있는 어민들에 따르면 피부가 따갑고 가려우며 물집이 생겨 고통스럽다고 말한다. 또 태형돌물이 있는 곳에는 다른 어류가 발견되지 않는다고 주장한다. 어민들은 태형동물이 독성을 가지고 있다고 믿고 있다. 그러나 태형동물의 독성에 대해 지금까지 국내에서 분석한 사례가 없어 독성여부가 알려지지 않고 있다. 필자는 한국수자원연구원 서진원 박사팀과 함께 국내 최초로 태형동물의 독성실험을 실시했다.

태형동물의 시료는 소양호와 의암호, 춘천호에서 채취해 한국수자원연구원 실험실에서 실시했다. 독성실험은 서진원 박사팀이 맡았다.

<표 16-1> 태형동물에 의한 수질변화(1차 실험 결과)

날짜	시료명	실험항목					
		pH	TN (mg/L)	NH_3-N (mg/L)	NO_3-N (mg/L)	TP (mg/L)	PO_4-P (mg/L)
초기(9월 8일)	태형동물	7.8	1.40	0.36	0.81	0.12	N.D.
	태형동물+어류	7.9	1.40	0.35	0.83	0.11	N.D.
	어류	7.8	1.50	0.36	0.92	0.11	N.D.
8일 후(9월 16일)	태형동물	8.1	22.60	17.10	0.84	1.85	0.017
	태형동물+어류	8.2	29.40	24.50	0.86	2.44	0.020
	어류	7.5	11.80	6.20	2.80	0.12	0.005

※ N.D. : Not Detected

우선 수족관 하나에는 태형동물만 넣고 나머지 수족관 2개에 대형동물 개체수를 조정해 가며 실험용 잉어를 3마리씩 투입했다. 수족관의 태형동물이 끊임없이 포자를 발생시켜 물이 흐려지면서 8일이 지나자 물고기들이 폐사하기 시작했다. 수질상태는 태형동물을 넣은 수조의 암모니아성 질소 등 모든 항목이 크게 증가했다.

다음은 태형동물의 개체수를 줄이고 잉어를 3마리씩 투입했다. 태형동물이 죽으면서 발생하는 암모니아 독성 외에 또 다른 영향을 분석하기 위해서였다.

2차 실험에서도 태형동물이 많을수록, 시간이 경과할수록 암모니아성 질소의 농도가 높았다.

태형동물이 폭발적으로 증가할 경우 점액질의 분비와 가스 발생 등을 유발해 생태계변화는 물론 태형동물의 죽은 사체가 부패해 2차적인 수질오염이 우려되고 있다. 또한 내수면 가두리 양식장의 어망에 대량으로 달라붙어 물 흐름을 방해, 산소부족 현상을 초래하고 태형동물과 접촉된 양식 어류가 폐사하는 경우가 많아 어민들에게 막대한 피해를 주고 있다.

날짜	시료명	pH	TN (mg/L)	NH$_3$-N (mg/L)	NO$_3$-N (mg/L)	TP (mg/L)	PO$_4$-P (mg/L)
				실험항목			
초기 (9월 16일)	태형동물(2마리)+어류(3마리)	7.9	0.98	0.18	0.60	0.09	N.D.
	태형동물(3마리)+어류(3마리)	7.8	1.02	0.21	0.70	0.08	N.D.
	어류(3마리)	7.8	0.93	0.19	0.60	0.09	N.D.
6일 후 (9월 22일)	태형동물(2마리)+어류(3마리)	7.4	13.30	1.80	9.40	0.68	0.004
	태형동물(3마리)+어류(3마리)	7.0	16.60	4.82	10.30	1.42	0.012
	어류	6.9	5.3	0.70	3.70	0.33	0.004
	태형동물(5마리)+어류(3마리)	6.3	24.10	8.60	11.30	2.04	0.017
	수돗물+어류(3마리)	7.2	4.90	0.40	3.60	0.21	0.004
10일 후 (9월 26일)	태형동물(2마리)+어류(3마리)	5.9	19.90	3.80	11.80	0.72	0.010
	태형동물(3마리)+어류(3마리)	5.8	20.80	5.30	12.2	1.52	0.015
	어류	N.M.	N.M.	N.M.	N.M.	N.M.	N.M.
	태형동물(5마리)+어류(3마리)	6.4	29.20	11.70	13.8	2.54	0.020
	수돗물+어류(3마리)	7.1	6.40	0.70	4.90	0.26	0.005

※ N.M. : Not Measure

태형동물 개체수를 줄여 실험한 2차 조사에서는 약 2주가 지나도
록 잉어는 생존했다. 살아 있는 잉어의 혈액을 채취해 국내 최초로
태형동물로 인한 물고기의 스트레스 호르몬 조사였다. 잉어의 혈액분
석 결과를 다음과 같다.

〈표 16-3〉 스트레스 호르몬 영향에 의한 잉어 혈액분석(1차 실험)

순번	시료명	RBC(×10^6/μl) 개체	RBC(×10^6/μl) 평균±SD	Ht(%) 개체	Ht(%) 평균±SD	Hb(%) 개체	Hb(%) 평균±SD
			혈액 분석 결과				
1	2개체의 태형동물과 어류	1.74		39.7		16.8	
2		1.45	1.35±0.45	31.7	30.3±10.17	17.2	15.1±3.30
3		0.86		19.5		11.3	

번호	조건						
4	4개체의 태형동물과 어류	1.57		34.3		18.5	
5		1.38	1.41±0.15	31.1	31.2±3.05	16.7	17.0±1.33
6		1.27		28.2		15.9	
7	어류	0.97		22.3		14	
8		1.66	1.32±0.35	37.3	29.9±7.50	20.6	17.1±3.32
9		1.32		30.1		16.6	
10	다량의 태형동물과 물순환	0.9	1.21±0.43	20.3	27.1±9.55	14.3	16.5±3.11
11		1.51		33.8		18.7	
12	수돗물 사육	0.77	1.17±0.56	17	26.2±13.01	11.8	15.0±4.53
13		1.56		35.4		18.2	

- 적혈구 개수(RBC, Red blood cell)에 의히면 5개의 대조군 빛 처리군에서 어류 개체별로 다소 차이는 있지만 조건별 평균값의 차이는 없었다(통계처리 후 p value=0.951).

- 헤마토크리트(Ht, Hematocrit, 혈액에 포함되어 있는 적혈구의 용적비율) 역시 개체별로 다소 차이는 있었으나 조건별 평균값 차이는 없었다(통계처리 후 p value=0.959).

- 헤모글로빈(Hb, Hemoglobin, 적혈구 속에 들어있는 색소단백질) 역시 다소 개체별 차이는 있었지만 조건별 평균값의 차이는 없었다(통계처리 후 p value=0.880). 만일 호흡과 관련돼 영향이 있을 경우 적혈구의 수가 늘어나거나 적혈구의 크기가 작아져 용적비율을 증가시키는 쪽(호흡기는 증강)으로 수치가 변한다. 또한 질병이 생기면 적혈구수는 대체적으로 감소한다. 이를 통해 질병의 유무나 그 정도를 판정할 수 있다(무지개 송어의 경우 보통 $1.3 \times 106/\mu l$인데 비브리오병 감염이 걸린 경우 약 1/5 정도인 284,000의 낮은 수치를 보임).

<표 16‒4> 스트레스 호르몬 영향에 의한 잉어 혈액분석(2차 실험)

순번	시료명	Cortisol ug/dL	Glucose (FBS) mg/dl	AST (SGOT) IU/L	ALT (SGPT) IU/L	Sodium (Na) mmol/L	Potassium (K) mmol/L	Chloride (Cl) mmol/L	Osmolality mOsm/kgH₂O
1	2개체의 태형동물과 어류(A그룹)	5.80	27	57	3	138	3.4	116	256
2		30.54	45	79	1	136	3.7	108	247
3		12.20	39	88	1	134	3.4	114	255
4	4개체의 태형동물과 어류(B그룹)	4.00	24	54	1	130	1.3	108	249
5		7.56	40	64	3	136	1.7	110	266
6		12.18	42	52	3	132	N.D.	109	252
7	어류(C그룹)	2.99	18	58	1	133	2.4	110	257
8		6.24	25	63	1	136	2.7	114	265
9		3.90	30	87	2	137	3.2	113	258
10	다량의 태형동물과 물순환(D그룹)	1.94	34	207	2	134	5.6	111	248
11		6.01	36	63	1	130	3.6	110	260
12	수돗물 사육(E그룹)	3.80	24	75	1	133	3.3	110	269
13		5.62	21	55	1	132	3.6	111	245

(혈액 분석 결과(네오딘의학연구소))

- Cortisol(스트레스 호르몬), Glucose 변화: 평균값에서는 A, B그룹이 다른 그룹에 비해 다소 높은 경향은 있으나 전체적으로는 차이가 없었다(통계처리 후 p value=0.276과 0.166).
- 간 활성화 효소 수치(AST, ALT)도 조건별 차이가 없었다(통계처리 후 p value=0.415과 0.573).
- Na, K, Cl, Osmolaity 또한 그룹 간에 차이가 없었다(통계처리 후 p value=0.264, 0.051, 0.401, 0.870).

이번 혈액분석을 통해 코티졸과 글루코스의 수치가 태형동물 쪽이 높게 나왔다. 태형동물의 독성 가능성이 국내 최초로 밝혀진 것이다. 코티졸과 글루코스는 스트레스 호로몬이다. 스트레스와 연관된 혈핵학적 수치가 태형동물이 있는 쪽에서 상승한 것은 어류들이 태형동물의 독성에 노출됐을 것으로 판단된다. 이런 현상이 장기간 지속이 될 경우 어류에게 나쁜 조건을 만들어 어류 생태계에 악영향을 줄 수 있는 것으로 분석됐다.

제17장 댐의 그늘

댐을 짓는 가장 큰 목적은 수자원을 확보하고 홍수피해를 줄이는 데 있다. 최근 기상이변으로 집중호우가 잦아지면서 홍수피해가 늘어나자 수자원당국은 댐을 더 건설하는 것이 유일한 대안이라고 주장한다. 반면, 댐이 환경을 파괴하고 홍수피해를 오히려 가중시키고 있다는 학계의 주장도 만만치 않다. 댐이 부족하다는 댐 건설 옹호론자와 댐을 해체해야 한다는 반대론자들의 주장이 팽팽히 맞서고 있는 가운데 한국수자원공사는 장래 물 부족 현상에 대비하고 홍수피해를 줄인다는 명분을 내세워 댐 건설을 강행하고 있다.

17.1 댐 건설과 환경변화

1950년부터 지구상에는 날마다 대형댐이 두 개씩 건설됐고 그 결과 전 세계 강바닥의 60퍼센트가 각종 구조물에 의해 단절됐다.

미국 콜로라도강은 댐 건설 이후 유량이 점차 줄어들었다. 설상가

상으로 계속되는 가뭄으로 하천 유지용수가 감소하자 이 하천수를 사용하는 여러 주(州)는 저마다 물을 둘러싼 물 전쟁이 벌였다. 요르 단강은 이스라엘이 파이프로 엄청난 양의 강물을 끌어올리면서 요르 단에 이르기도 전에 강이 말라버렸다.

흐르는 강을 콘크리트 구조물 안에 가둔 잘못된 수리정책의 탓이다.

환경 기자 출신인 프레드 피어스가 10년 동안 6개 대륙 64개 국가 의 강을 돌아보고 쓴 책인『강의 죽음』에서 바닥을 드러내며 죽어가 는 세계의 강에 대한 기록의 일부이다.

독일은 라인강의 홍수를 조절하기 위해 200년에 걸쳐 부단한 노력 을 기울였지만 오히려 더 많은 홍수가 발생했다. 미국 역시 미시시피 강의 둑 붕괴를 막기 위해 물줄기를 바꾸고 보를 쌓는 등 막대한 비 용을 투입했지만 결국 실패했다. 토목 공사 결과 미시시피강의 홍수 발생 횟수는 줄었지만 규모는 훨씬 커져 인근 주민에게 재앙으로 이 어진 것이다.

'21세기 최대 토목 공사'로 불리는 중국의 싼샤댐과 수많은 수중보 를 건설한 양쯔강 역시 당초 목표와는 달리 부작용이 속출하고 있다. 홍수 조절과 중국 서부 지역 물류를 위해 270억 달러를 투입해 건설 한 싼샤댐이 창장 상류의 지질 재해 빈발과 중·하류의 수위 저하 등 갖가지 후유증에 시달리고 있다.

싼샤댐이 수위 175m의 저수를 시작한 이래 싼샤댐 서쪽의 창장 상 류 지역은 산사태 등 지질재해가 계속 일어나고 있다. 싼샤댐 동쪽의 창장 중·하류는 수위가 낮아지고 있다. 싼샤댐의 저수로 유지용수가 크게 줄어든 데다 평상시 방류되는 물이 강 양안의 흙더미를 무너뜨 리면서 강바닥에 토사가 두텁게 쌓이고 있기 때문이다.

중국 서부의 충칭(重慶)시에 있는 포스코 가공센터는 창강(長江[양자강])을 통해 한국에서 자동차용 강판을 운송해 오는 데 한해 수십억 원 이상의 물류비를 쓰고 있다. 싼샤댐 건설 이후 창장 중·하류 강바닥에 토사가 많이 쌓여 대형 배로 강판을 실어 나르지 못하고 있기 때문이다. 당초 창장 중류에 있는 세계 최대의 싼샤(三峽)댐 완공으로 물류 사정이 크게 좋아질 것으로 예상했지만 정반대의 상황이 벌어지고 있다.

20세기 말 92개국의 대형댐 건설에 약 750억 달러를 지원했던 세계은행은 댐을 건설해서 얻는 이익보다 손실이 훨씬 크다는 결론을 내렸다. 세계은행이 2000년 말 발표한 보고서를 보면 용수 확보와 홍수 예방, 수력 발전 등 댐 건설의 목적으로 내세운 것들은 결국 전부 목표에 미달했다. 홍수는 더 자주 일어나거나 규모가 커졌으며 습지가 사라지고 생태계가 파괴됐다. 단기적으로 이익이 됐을지 몰라도, 장기적으로는 더 큰 비용을 지불하게 된 셈이다.

흐르는 강물을 인위적으로 막으면 또 다른 재앙이 온다. 한 곳에서 홍수를 막으면 다른 곳에서 더 자주 홍수가 일어난다는 사실이 세계 곳곳에서 입증되고 있다.

100여 년 전 미국이 미시시피강을 정비했을 당시 소설가 마크 트웨인은 다음과 같은 말을 했다.

"그 누구도 거침없이 흐르는 강을 길들일 수는 없다. 이리로 흘러라, 저리로 흘러라 하며 복종시킬 수 없다."

17.2 북한 댐의 실태

북한은 2009년 9월 6일 새벽 임진강 상류의 황강댐에서 예고 없이 물을 방류해 우리나라 민간인 6명이 인명피해를 입었다. 당시 황해도 해주와 개성 관측소 관측 결과 황강댐이 있는 황해도 황강리 주변 지역은 비가 오지 않은 것으로 나타나 임진강 상류 댐에 균열 등 문제가 있었던 것으로 추정할 수는 있다. 이에 앞서 지난 2005년 9월에도 임진강 상류 '4월5일댐'의 물을 사전 예고 없이 방류해 경기도 연천군 왕징면 어민들이 큰 피해를 입었다.

북한 전문가들은 북한 임진강 지류에 설치된 40여 개의 북한 댐이 자재가 불량하고 부실해 안전 기술상의 문제가 발생할 가능성이 높다고 보고 있다.

1990년대 말 집중호우로 임진강 상류지역에 큰 피해가 발생하자 북한은 주민과 군인들을 동원해 땅을 파고 시멘트를 타설해 댐을 급조하는 등 기술적으로 안전을 보장할 수 없다는 것이다.

임진강 물길의 70%가 북쪽에 있고 또 황강댐의 저수 용량은 팔당댐의 1.5배에 달하는 3~4억 톤 규모로 2001년 3월 완공된 4개의 소형 댐인 '4월5일댐'까지 더하고 있어 사실상 북한이 임진강의 관리권을 가지고 있다는 사실을 부정할 수 없는 실정이다.

건설교통부(現 국토해양부)는 2002년 「황강댐 현황과 대책」이라는 문건에서 황강댐이 완공돼 임진강의 물 흐름을 차단할 경우 파주·연천에 연간 2억 9천 300만 톤의 용수 부족이 예상되고 북측이 임의로 댐을 운영하거나 댐에 문제가 생길 경우에 대규모 홍수가 발생할 우려가 있다고 지적한 바 있다.

이에 따라 정부는 2005년 11월 임진강 유역의 홍수피해 경감을 위한 홍수조절지 건설 사업에 착수하고 북한과의 회담에서 문제제기를 하기도 했지만 북측은 군사시설이 많다는 이유로 합의사항 이행에 난색을 보였고 결국 2005년 이후 논의 자체가 중단된 상태이다.

17.3 평화의 댐, 과연 안전한가?

북한이 임진강 상류 황강댐의 예고 없는 방류로 저수용량 26억여 톤 규모의 북한 임남댐(금강산댐) 하류에 있는 평화의 댐의 안전성에 관심이 높아지고 있다.

평화의 댐은 임남댐(금강산댐)에 대응하기 위해 조성된 것으로 1988년 1단계 공사가 마무리된 뒤, 2005년 2단계 공사를 마친 높이 125m, 길이 601m에 저수량이 26.3억 톤에 이르는 대형댐이다.

평화의 댐을 위협하고 있는 임남댐은 북한이 지난 1992년 1월 상류 가물막이 공사를 끝내고 1999년 6월부터 평화의댐 상류 36㎞ 지점에 본댐 공사를 본격적으로 시작해 2000년 10월까지 16개월 만에 축조했다.

그러나 댐 건설로는 이례적으로 단기간에 완공된 것으로 댐 정상부 두 군데에 각각 길이 20m, 폭 10m와 길이 10m, 폭 5m짜리 균열이 발생하는 등 임남댐 안전성 논란은 끊임없이 이어졌다.

북한은 완공 당시 높이 88m, 저수량 9억 1000만 톤이던 댐을 2002년 6월까지 높이 105m 규모로 증축해 붕괴 위험성도 제기됐다.

임남댐은 자재 부족과 철근·콘크리트 등의 부실로 댐이 부분적으로 터지거나 붕괴 위기에 처하는 경우가 적지 않았던 것으로 알려졌다.

한국수자원공사는 강원도와 수도권 등 하류지역 국민들의 생명과 재산을 보호하기 위해 평화의 댐을 항상 98% 이상 비워두기 때문에 임남댐(금강산댐) 저수용량 26억 2000만㎥의 임남댐이 완전히 붕괴돼도 충분히 대응할 수 있다고 말했다.

금강산댐은 2000년 10월 완공된 이후 지금까지 모두 7회에 걸쳐 물을 남측으로 방류했다. 이 중 2회만 남측에 사전 통보했을 뿐 나머지 5회는 방류 사실을 전혀 알리지 않았다. 특히 북측은 2002년 1월 17일부터 2월 4일까지 16일간 금강산댐 보수과정에서 3억 5천만 톤의 물을 하류로 처음 방류했다.

당시 평화의 댐 하류에 있는 화천댐의 물 유입량이 평상시보다 초당 2톤에서 최대 273톤으로 급증해 주민 불안을 가중시켰다.

17.4 잘못된 수자원정책

우리나라의 물 수요는 1950~1990년 사이에 3배나 증가했고 향후 35년 이내에 현재보다 2배나 증가할 것으로 예측되고 있다. 경제발전에 따른 용수 사용량의 증가도 부정할 수 없지만 1인당 물 사용량이 급증하고 있는 데다 중수도 시설 등 물의 재활용이 이루어지지 않고 있는 수자원정책의 부재가 더 큰 원인으로 분석되고 있다.

하지만 정부는 댐을 짓고 제방을 쌓는 등 대규모 구조물 건설에 주력하고 있다. 한국수자원공사는 안정적인 수자원확보를 위해 장기대책으로 5개 댐(성덕, 화북, 부항 등)을 차질 없이 건설하고 환경친화적인 중소규모 9개의 신규댐(송리원, 보현 등) 건설을 단계적으로 추진하고 있다. 한정된 수자원을 효율적인 관리하는 이수와 치수정책을 펼치지 못하고 댐을 지어 해결하려는 하지만 수돗물의 직접 음용인구는 1%대에 불과하다.

2009년 봄 가뭄이 심했던 강원도 태백시와 남부해안지대는 급수에 어려움을 겪었다. 1990년 이후 제한급수가 실시된 가뭄지역은 62개 시·군으로 산간농촌지역과 해안도서지역에 몰려있다.

1999년부터 2010년 사이 가장 많은 홍수 피해를 본 곳은 큰 강이 아니라 그 지류였다. 국가하천급의 큰 강에서 발생한 홍수 피혜는 3.6%에 불과하지만 그 지류들인 지방하천의 피해는 56.7%에 달했고 그 지류의 지류인 소하천에서 발생한 홍수피해는 39.7%를 차지했다. 우리나라는 물이 부족하고 해마다 홍수피해가 증가해 댐을 더 건설해야 한다는 정부의 정책이 설득력을 얻지 못하고 있다. 댐이나 제방 등 대규모 구조물을 건설하기에 앞서 물의 흐름을 왜곡하지 않음으로써 산간농촌지역이나 해안도서지역의 물 부족 현상을 해소하고 소하천의 홍수피해를 줄이는 합리적인 수자원정책의 수립이 시급하다.

17.5 밀양댐 연간 40억 적자

경산남도 밀양시 단장면 고례리에 있는 다목적댐인 밀양댐은 높이 89m, 길이 535m, 총 저수량 7,360만 톤, 유역면적 104.4km²로 식수와 전력을 공급하고 홍수를 조절하기 위해 건설됐다.

〈그림 17-1〉 밀양댐 전경

 2001년에 완공된 밀양댐은 건설 이후 매년 수십억 원의 적자에 허덕이고 있다. 수천억 원을 들여 건설한 밀양댐이 제대로 활용되지 못해 결과적으로 불필요한 지역에 댐을 지어 예산만 낭비하고 있는 실정이다.

 밀양댐은 하루 15만 톤의 수돗물을 생산, 광역상수도를 통해 양산 8만 톤, 밀양 4만 9천500톤, 창녕 2만 500톤을 공급하기로 했다. 그러나 2010년을 기준으로 하루 평균 2만 톤 정도를 창녕지역에 공급하는 것을 제외하고 양산 4만 5천 톤, 밀양 1만 톤 등 총 7만 5천 톤으로 공급계획량의 절반 정도만 공급하고 있다.

 물 공급이 계획에 훨씬 못 미치면서 2천 60억 원을 투입해 건설한 밀양댐은 연간 40억 원의 적자가 발생하고 있다. 한국수자원공사가 밀양댐 일대의 용수사용실태를 제대로 파악하지 않고 우선 댐을 짓고 보자는 주먹구구식 수자원정책의 단면을 보여주는 사례라고 할 수 있다.

 밀양시의 경우, 하루 4만 9천 500톤을 공급하기로 계획됐지만 2010

년을 기준으로 20% 수준인 1만 톤 사용에 그치고 있다. 밀양시가 밀양댐과 수질은 비슷하지만 원수 가격은 더 싼 청도천 물을 끌어와 정수한 뒤 시민에게 공급하기 때문이다. 또 시 외곽지역 대부분은 지하수 등을 원수로 사용하면서 상대적으로 비싼 밀양댐 물을 먹지 않고 있다.

양산시도 밀양댐에서 하루 8만 톤의 물을 공급받을 계획이었지만 밀양댐 물값이 자체 정수장에서 생산한 물보다 비싸고 양산신도시의 입주 부진이 계속되면서 계획량의 절반 정도만 사용하고 있다.

경북 청도의 운문댐도 여유분이 있지만 대구시의 반대로 다른 지역에 용수를 공급하지 못하고 있다. 댐에 여유분물의 물이 있지만 지치단체 간의 갈등으로 효율적인 활용을 하지 못하고 있다. 있는 물을 잘 활용하는 방안을 찾으면 댐을 더 짓지 않아도 되므로, 댐은 많을수록 좋다는 정부의 수자원정책은 전면 재검토돼야 한다.

17.6 영주댐 꼭 필요한가?

경북 영주의 내성천에 영주댐이 속전속결로 건설 중이다. 댐이 완공되면 비경은 사라지고 중복투자라는 논란이 있다.

사업비 8,600억 원, 댐 높이 55m, 저수용량 1억 8천만 톤에 달하는 대형댐으로 2012년 댐이 완공되면 10.4km², 서울 여의도보다 넓은 땅이 물속에 잠긴다.

그런데 영주댐이 생기면 흐르던 모래의 60%가 댐에 막히게 된다. 모래의 강, 그 천혜의 환경이 위기를 맞는다.

영주댐은 속전속결로 추진됐다. 2009년 6월 처음 계획이 고시된 뒤

2010년 7월 환경영향평가 조사, 8월 주민설명회, 10월 공청회, 11월 시공사 선정을 거쳐 2010년 12월에 착공했다. 심지어 영주댐이 꼭 필요한지 미리 따져보는 보고서는 착공부터 하고 9개월이 지나서야 완성됐다.

영주댐의 목적은 홍수예방과 낙동강에 필요한 물 1억 8천만 톤을 확보하는 것이다. 그런데 뒤늦게 정부가 4대강 살리기 사업을 추진하면서 물 8억 톤이 더 생기게 되었다. 영주댐의 목적이 무색해진 것이다.

서울대학교 환경경제학 홍종호 교수는 "두 개 사업의 목적이 같은 방향으로 가고 있기 때문에 중복투자, 불필요한 투자가 될 가능성이 높다"고 분석했다.

정부는 댐을 지을수록 이익이라고 하지만, 꼭 그렇지도 않다. 경상북도, 충청북도, 강원도의 공동 연구결과 댐 3곳에서 2007년 발전과 홍수방지로 얻은 이득은 2,800억 원인데 반해 수몰, 농작물 피해, 호흡기 질환 피해는 최대 5,600억 원에 달했다. 그러나 정부와 수자원공사는 이런 피해를 인정하지 않고 있다.

우리나라의 댐 밀도는 세계 1위이다. 미국은 1994년 댐 개발 시대는 끝났다고 선언했고 일본은 추진 중인 89개 댐 사업 전체에 대해 2009년 전면 재검토를 선언했다.

17.7 다목적댐의 퇴사량

17.7.1 4대강 유역의 퇴사량 실태

전국 4대 강(江) 유역의 다목적댐으로 유입돼 쌓이는 모래와 퇴적물이 눈덩이처럼 쌓이고 있다.

4대강 유역에 있는 다목적댐의 퇴사량을 보면 한강 유역의 소양강 댐은 1km²당 연간 914m³(2006년 기준)의 토사가 유입돼 설계치인 1km²당 500m³를 2배 이상 초과했다.

낙동강 유역의 임하댐도 연간 퇴사량이 1km²당 680m³(2008년 기준)로 설계치인 300m³를 2배 이상 넘어섰고 금강 유역 대청댐도 1km²당 616m³(2006년 기준)로 설계치 300m³를 크게 초과했다.

섬진강의 주암 본댐과 조정지댐의 연간 퇴사량도 1km²당 각각 469m³ (2003년 기준), 1천 89m³(2003년 기준)로 설계치 400m³를 크게 상회했다(한국수자원공사 조사 자료).

다목적댐의 총퇴사량은 한강 유역 2억 1천 199만m³, 낙동강 유역 3천 185만m³, 금강 유역 8천 143만m³, 섬진강 유역 2천 606만m³ 등 총 3억 5천 133만m³에 이르러 정부가 4대강 살리기사업을 통해 준설하겠다는 강모래 5억 7천만m³의 62%에 해당하는 양이다. 다목적댐에 많은 양의 토사가 유입되면 그만큼 댐의 담수 능력이 줄어든다. 하상 퇴적으로 다목적댐의 줄어든 담수량은 소양강 8천 200만 톤, 충주댐 8천만 톤 등 총 3억 600만 톤으로 이는 남강댐(3억 900만 톤)과 비슷한 담수량이다. 기존 다목적댐의 하상퇴적물을 준설해 담수량을 확대한다면 남강댐(건설 당시 공사비 8,672억 원) 규모의 신규댐 건설비용을 절약할 수 있다.

<표 17-1> 주요 댐 별 감소한 담수량

(단위: 백만m³)

댐 명(준공연도)	최초 담수량	줄어든 담수량
소양강(73)	2,900	82
충주댐(85)	2,750	80
대청댐(81)	1,490	81
영천댐(80)	96.4	9.2
안동댐(77)	1,248	12
화천댐(44)	1,018	109
춘천댐(64)	150	11
청평댐(43)	185	22

환경 파괴와 함께 막대한 예산을 투입해 신규댐을 건설하는 것보다 기존댐의 준설로 댐의 기능을 회복시키는 수자원정책이 경제적이라는 사실을 수자원당국이 인식했으면 한다.

17.7.2 소양강댐의 퇴사량 분석

한국수자원공사의『소양강 다목적댐 퇴사량 조사 3차 보고서(2006. 10)』를 보면 퇴사에 따른 소양강댐의 홍수조절능력을 검토한 결과 동일한 홍수조절상황을 적용할 경우 퇴사로 인한 홍수조절용량 감소(2천 100만m³)로 인해 저수지의 최대 상승수위가 기존 저수용량조건에 비해 0.21m 상승한 것으로 나타나 댐 계획홍수위 이내에서 조절이 가능해 홍수조절에는 큰 문제는 없는 것으로 분석됐다.

소양강댐의 용수공급능력은 퇴사로 인한 유효저수량 감소로 인해 댐 설계 당시 적용된 유입량 및 댐 준공 이후 실측된 유입량을 적용해 산정한 결과 각각 3.2백만m³/년과 17.2백만m³/년이 감소하는 것으로 분석됐다.

그러나 댐 설계 당시 저수용량과 준공 이후 실측된 저수용량에 대해 댐 설계 당시 사용된 유입량(55.5m³/s)에 비해 증가된 댐 준공 이후의 유입량(69.6m³/s)을 고려해 용수공급능력을 검토한 결과 각각 217.5백만m³/년과 203.5백만m³/년이 증가한 것으로 나타났다.

댐 담수 후 100년이 경과했을 때 댐 지점 퇴사위를 경험적 면적 감소법과 2차원 수치모델링인 SMS-SED2D로 예측한 결과 취수구 부근의 퇴사위는 EL.89.46m~EL.92.6m로 취수구 하단 표고인 EL.130.0m보다 낮아 퇴사로 인한 취수량 장애는 없을 것으로 분석됐다.

그러나 집중호우가 잦아지고 댐 상류지역의 무분별한 개발 등으로 상류에서 유입되는 토사와 흙탕물의 양이 늘어나고 있어 갈수록 저수량 감소는 가속화될 것으로 나타나고 있다.

댐으로 유입되는 토사와 하천 퇴적물은 저수용량의 감소를 가져와 결국 댐의 기능을 저하시키게 되기 때문에 효율적인 퇴사 관리방안이 조속히 마련돼야 한다.

17.8 선진국의 댐 해체운동

17.8.1 미국의 댐 해체 정책

댐 종주국으로 불리는 미국에서는 댐 해체 바람이 불고 있다. 미국의 댐 해체의 배경은 생태회복에 있다.

2007년 7월 24일, 미국 오리건주에서는 연간 660만 달러(74억 원)의 전력을 생산하는 마못댐의 해체 행사가 열렸다. 그리고 두 달 뒤, 강은 댐 건설 이전의 물길을 다시 형성했고 연어와 송어 등이 돌아왔으며 강 상류 155㎞ 유역의 생태계가 되살아났다.

벤츄라강에 마틸리하 댐이 건설되면서 송어의 서식지가 사라지고 하류의 모래가 감소했다. 퇴사로 댐 주변 사막화, 식물 등 어류 생태계에 심각한 현상이 발생했다. 이에 따라 주정부는 환경 생태회복은 물론 효율성도 떨어진다는 판단하고 댐 해체 결정을 내렸다.

대전대학교 허재영(토목공학과) 교수의 『해외의 댐 철거 사례 및 추세』 보고서를 보면 미국은 1988년 대형댐인 위스콘신주 울런밀스댐, 1995년에는 샌드스톤댐, 이듬해에는 펜실베이니아주에 있는 윌리엄즈버그댐을 헐어버렸다. 최근에는 캘리포니아주의 마틸리하댐과 워싱턴주 엘와댐 등의 해체를 논의 중이다.

미국이 1912년부터 해체한 댐과 보는 43개 주에서 650여 개에 이르고 있으며 2007년에만 12개 주에서 54개의 댐을 없앤 것으로 나타났다.

미국과 유럽 등은 댐의 경제성 보다 댐 건설 이후 자연 파괴나 생태계 교란이 주는 불이익이 더 크다는 판단하고 댐을 해체하고 있다.

미국은 2001년까지 500여개의 댐을 해체했고 2002년에 63개를 해체했다. 최근에는 태국과 일본에서도 댐 해체운동이 사회적으로 큰 반향을 불러일으키고 있다.

17.8.2 프랑스의 댐 해체와 정책

프랑스의 주요 강(론 강 제외)은 대서양으로 흘러 들어간다. 강들이 회유성 어류들이 찾아드는 강이다. 댐은 생물들의 이주를 방해하고 물의 흐름을 막아 생태계의 파괴와 수질을 악화시킨다. 이에 따라 루와르강에 대형댐을 신축하는 대신 낡은 댐들을 해체하기에 이르렀다.

캐르낭스끼액댐은 부영양화로 인한 수질악화로 생태계가 위협받았다. 또 계속되는 토사의 축적돼 담수량이 50% 줄어 95년 홍수 때 인근주민들 대피하는 일이 벌어지자 프랑스 정부는 1997년 9월 17일 댐을 해체했다.

메종루즈댐은 연어들이 산란지를 잃고 멸종위기에 놓이게 했고 알리스 청어와 르와이트 2종의 청어들 사이에서 잡종교배하는 기이현상이 발생했다.

이 때문에 1994년 루아르강 회복계획을 수립하고 댐 해체 결정을 내렸다. 1,400만 프랑의 해체비용은 환경국, 국토 기획국, Water Agency 가 부담하고 환경부와 국토기획국의 책임하에 댐 해체가 진행됐다.

댐을 해체한 이후의 변화는 청어들이 증가하고 연어 산란장이 관찰됐고 1999년에는 대형 연어가 발견되기도 했다.

외국에서 철거되는 보나댐의 규모는 조금씩 커지고 있다. 처음에는 보나 소형댐을 주로 철거하다가 점차 대형댐으로 바뀌고 있다.

제18장 잠재 수자원 개발

　수자원을 안정적으로 확보하고 홍수를 저감하기 위해서는 신규댐 건설에 앞서 경제적으로 유리한 기존댐의 보강과 개량이 필요하다.

　기존댐의 재개발은 기술적으로 가능한 곳을 선정해 경제적 타당성 조사를 한 후 환경적 건전성과 지속가능한 개발(sustainable development)이 돼야 한다. 또한 정부와 환경단체, 해당 지역 주민과의 합의가 전제되어야 하기 때문에 다각적인 검토가 요구된다.

　농업용 저수지의 리모델링을 통한 용수확보와 홍수조절 향상 효과를 영남대학교 지홍기 교수의 연구를 토대로 분석했다.

18.1 유역별 잠재 수자원 개발량

　권역별로 개발 가능한 104개 농업용 저수지의 총 유역면적은 4,416.3km², 총 저수량은 901.4백만m³, 총 관개 면적은 1,022.1km²로 분석되고 있다. 아래에 <표 18-1>은 유역별 개발 가능한 농업용 저수지 개황을 나타낸 것이다.

<표 18-1> 유역별 개발가능 농업용 저수지 개황

하천유역	개발가능 저수지 수 (개소)	유역면적 (km²)	총 저수량 (10⁶m³)	관개면적 (km²)	비고
한 강	18	719.4	125.3	133.2	
낙동강	47	1,794.3	275.6	287.3	
금 강	9	492.8	88.0	132.9	
섬진강	9	401.6	68.0	60.0	
영산강	9	479.2	227.8	285.4	
안성천	5	288.0	64.3	81.9	
형산강	7	241.0	52.4	41.4	
합 계	104	4,416.3	901.4	1,022.1	

18.2 농업용수 수자원 분석

18.2.1 총 저수량/유역면적 분석(개발 가능 수자원량)

유역별 농업용 수자원량을 단위부존 수자원량(10^6m³/km²)이 50%, 60%일 때 각 유역별 개발가능량(10^6m³)이 얼마나 되는지 분석했다. <표 18-2>는 총 저수량/유역면적 분석을 보여주고 있다.

<표 18-2> 총 저수량/유역면적 분석

유역	총 유역 면적 (km²)	농업용 저수지 유역면적 (km²)	유역평균강우량 (mm)	저수지 총 유효 저수용량 (10⁶m³)	단위유효 저수용량 (10³m³/km²)	단위부존 수자원량 (10⁶m³/km²)		개발가능량 (10⁶m³)	
						(1) 50%	(2) 60%	(1) 50%	(2) 60%
한 강	25,954	719.4	1,208	125.3	0.17	0.604	0.725	435	521
낙동강	23,384	1,794.3	1,178	275.7	0.15	0.589	0.707	1,057	1,268
금 강	9,912	492.8	1,227	88.0	0.18	0.614	0.736	302	363
섬진강	4,912	401.6	1,433	68.0	0.17	0.717	0.860	288	345
영산강	3,468	479.2	1,336	227.9	0.48	0.668	0.802	320	384
안성천	1,656	288.0	1,189	64.3	0.22	0.595	0.713	171	205
형산강	1,133	241.0	1,133	52.4	0.22	0.567	0.680	137	164
합 계	70,419	4,416.3	1,288	901.6	0.20	0.619	0.743	2,734	3,280

※ (1)의 수치는 저수가능량을 연평균강우량의 50%를 취한 값임
  (2)의 수치는 저수가능량을 연평균강우량의 60%를 취한 값임

유역별 농업용 저수지의 개발 가능한 수자원량을 분석한 결과 한강유역은 435백만m³, 낙동강유역은 1,057백만m³, 금강유역은 302백만m³, 섬진강유역은 288백만m³, 영산강유역은 384백만m³, 안성천유역은 171백만m³, 형산강유역은 137백만m³인 것으로 나타났다.

18.2.2 유효저수량/관개면적 분석(영여 수자원량)

유역별 농업용 수자원량을 관개면적대 유효저수량의 관계를 분석해 나타냈다. <표 18-3>은 유효저수량/관개면적 분석을 보여주고 있다.

〈표 18-3〉 유효저수량/관개면적 분석

하천유역	총 관개면적 (km²)	저수지 총유효저수용량 (10⁶m³)	단위관개면적당유 효저수용량 (10⁶m³/km²)	개발가능량 (50%) (10⁶m³)	잉여 수자원량 (10⁶m³)	비고
한 강	133.2	125.3	0.941	435	309	
낙동강	287.3	275.7	0.960	1,057	781	
금 강	132.9	88.0	0.662	302	214	
섬진강	60.0	68.0	1.133	288	220	
영산강	285.4	227.9	0.799	320	92	
안성천	81.9	64.3	0.785	171	107	
형산강	41.4	52.4	1.266	137	84	
합 계	1,936.3	901.6	0.882	2,734	1,807	

유역별 농업용 저수지의 잉여 수자원량을 분석한 결과 한강유역은 309백만m³, 낙동강유역은 781백만m³, 금강유역은 214백만m³, 섬진강유역은 220백만m³, 영산강유역은 92백만m³, 안성천유역은 107백만m³, 형산강유역은 84백만m³인 것으로 분석됐다.

18.3 농업용 전용 저수지 개발 방향

18.3.1 재개발 가능저수지(경기도 소규모 농업용 저수지 중심으로)

수문 설치 등으로 저수량을 추가 확보한 사례는 경기도의 금광댐, 이동댐, 기흥(신갈)댐 등이 있다. 저수지의 특성상 홍수위의 저류용량은 만수위 저수용량의 약 20~30% 정도가 많다. 금광저수지, 이동저수지, 기흥저수지는 여수로에 수문을 설치해 저수용량을 추가로 확보했다.

18.3.2 농업용 저수지 재개발 계획

국토해양부는 2001년 9월 향후 물 부족에 대비한 12개 중소규모댐 건설, 기존댐 재개발, 소규모 용수전용댐 건설과 댐 주변지역 지원확대방안 등을 포함하는 「댐건설 장기계획(안)」을 마련해 관련 부처 간 협의를 시작한다고 발표했다.

「기존댐 재개발계획」은 기존의 농업용댐, 수력발전댐, 용수전용댐 중 댐 유역의 수자원량에 비해 용수개발규모가 적게 건설된 댐을 대상으로 보강공사 등을 함으로써 335.8백만m³/년의 용수공급능력을 증대시키고자 하는 계획이다. <표 18-4>에 나타나 있는 것처럼 계획대상 기존댐 6개 중 농업용 저수지가 4개가 포함 됐다. 농업용 기존댐 4개 중 오봉댐은 관개면적 3.8km² 유역면적 109km², 유효저수량이 14.346백만m³, 만수면적이 0.86km²인 중대규모 저수지로서 19.461백만m³/년의 생활용수를 공급하는 다목적 저수지의 기능을 가지고 있는 저수지이다.

〈표 18-4〉 「기존댐 재개발 계획」의 대상 저수지

저수지	총 저수량(백만m³)		연간용수공급량(백만m³)		기존댐 목적	비고
	현재	재개발 시	현재	재개발 시		
안계댐	17.7	64.0	116.8	131.4	생·공용수댐	
오봉댐	14.5	60.8	28.7	69.3	농업용댐	
신풍댐	0.7	21.0	0.2	15.3	농업용댐	
성덕댐	0.8	23.4	0.2	19.3	농업용댐	
매화댐	1.2	37.6	2.2	29.6	농업용댐	
괴산댐	15.3	139.8	－	219.0	수력발전댐	
합 계	50.2	346.6	148.1	483.9		

▶ 자료: 다목적 중규모저수지의 개발에 관한 정책 및 개발방안에 관한 연구(농업기반공사 농어촌연구원, 2001)

<表 18-5> 우리나라 기존댐 재개발 사례

댐 명	재개발시기	재개발내용	저수용량(백만 톤)	
			당초	재개발 후
섬진강댐	1985년	기존댐 하류 건설	66	466
동 북 댐	1985년	기존댐 하류 건설	2.6	99.5
가 창 댐	1986년	기존댐 증고(16m)	2.0	9.1
대 아 댐	1989년	기존댐 하류 건설	20	51
남 강 댐	1999년	기존댐 하류 건설	136	309

위 표의 기존댐 재개발 계획 대상에 포함된 댐 가운데 성덕댐만 당초 계획대로 재개발이 2012년 완료될 예정이며 나머지 댐들은 재개발 추진이 늦어지고 있다.

이에 앞서 우리나라에서는 1985년부터 1999년까지 기존댐 5개가 재개발사업을 완료했다.

국토해양부는 수자원의 활용도를 높이고 환경적으로 지속가능한 수자원 개발차원에서 기존댐 재개발사업을 지속적으로 확대 추진하고 있다.

주요 개발대상은 건설된 지 오래되고 시설 노후화로 보강이 필요한 댐, 퇴사 등으로 당초 능력을 충분히 발휘하지 못한 댐, 기상이변 등을 감안할 때 추가용수조절능력이 필요한 댐, 축적된 수문자료 등을 토대로 댐 운영 개선이 필요한 댐 등이다.

18.3.3 농업용 저수지 재개발 추진방안

미국, 일본 등 선진국에서는 신규댐의 건설이 감소하고 있는 반면 경제적, 사회·환경적 측면 등에서 유리한 기존댐에 대한 개량이 증가 추세를 보이고 있다. 최근 우리나라에서도 신규댐의 개발 적지가 부족하고 지역주민과 환경단체 등의 반대로 댐 개발 여건이 점점 악화되고 있어 기존댐의 재개발 사업이 추진되고 있다.

기존댐을 가물막이로 이용하거나 저수지 배수계통을 가배수터널로 이용하는 등 기존댐 시설을 적극 활용함으로써 공사비를 저감할 수 있다. 대부분의 농업용 저수지는 주변 지역의 농업용수 수요만 고려해 설계됐고 하류하천을 위한 환경용수량의 방류개념이나 홍수조절 용량의 고려는 충분하지 않았다. 농업용수 공급의 경제성을 기준으로 댐의 규모가 결정됐기 때문에 수자원 부존량의 최대개발이라는 개념이 적용되지 않았다. 그러므로 기존 농업용댐 지점 중에서는 댐 지점의 유황에 따라서 저수용량을 늘임으로써 용수 공급 능력을 현저히 제고시킬 수 있는 댐들이 있으며 댐 지점의 지형적, 지질적 조건과 수몰 예정지의 사회적 여건이 허용할 경우 기존댐의 증고나 기존댐의 상·하류의 적절한 지점에 신규로 댐을 축조해 저수용량을 증대시키는 댐의 개량이 신규댐 건설보다 훨씬 경제적이다.

18.3.4 농업용 저수지 개발 방법

18.3.4.1 퇴사의 준설
저수지 건설 후 시간이 경과되면 퇴사로 인해 저수용량이 감소하게 된다. 따라서 정기적인 준설로 저수용량을 증대시킬 수 있다.

18.3.4.2 여수토 숭상, 수문설치
여수토 상부에 고무보나 수문을 설치해 저수용량을 증대시킬 수 있다. 측구식 여수토의 경우 여수토 하류부에 수문을 설치하는 방법도 가능하다. 그러나 여수토 숭상이나 수문 등으로는 큰 저수량 상승 효과는 기대하기는 어렵다.

여수로 상단고와 제당고 차이가 있고 만수면적이 비교적 넓은 저수지에 월류식 여수로가 설치되어 있는 경우 여수로에 일정 규모의 수문 또는 고무댐을 설치해 저수량을 증가시킬 수 있다.

18.3.4.3 기존 저수지 제방 숭상

저수용량을 크게 증대시킬 수 있는 가장 효과적인 방법으로 지형 여건이 허용하면 우선적으로 고려해 볼 방법이다. 제방이 계곡에 축조돼 양단이 산으로 연결돼 구조상 문제가 없다면 큰 저수량 증대를 기대할 수 있다.

18.3.4.4 기존 저수지 제방 상·하류에 제방 신설

지형조건과 하류부의 토지이용 조건이 허용되면 기존 저수지 제방 상·하류에 새로운 제방을 신설해 저수용량을 늘리는 방법으로 유역 조건이 좋은 지역에 적용하면 가장 크게 저류용량을 증대시킬 수 있는 방법이다. 신규 저수지에 비해 토지보상비를 절감할 수 있으며 기존용수로 등의 수리시설을 활용할 수 있어 공사비 절감효과가 있다.

18.4 다목적 댐의 재개발

우리나라 주요 다목적 댐의 수자원 개발 가능량을 다음의 <표 18-6>에 나타냈다. 한강(3개소), 낙동강(5개소), 금강(2개소), 섬진강(3개소),

부안, 보령 등 총 15개소의 제원을 보면 총 면적 19,789.6km², 기존 총 저수량 13,113백만m³, 그리고 부존 수자원량이 0.64×10^6m³/km²(50%) 일 때 개발 가능량이 12,695백만m³라는 것을 알 수 있다.

〈표 18-6〉 주요 다목적 댐의 수자원 개발 가능량

구 분	유역면적 (km2)	총저수량 (10^6m³)	유효 저수용량 (10^6m³)	유역평균 강우량 (mm)	부존 수자원량 (50%) (10^6m³/km²)	개발 가능량 (10^6m³/km²)
합 계	19,789.6	13,131	6,456	1,283	0.64	12,695

18.5 잠재 수자원 개발 방향과 모범 사례

18.5.1 신규 수자원개발 가능량

7개 유역별 농업용 저수지(104개소) 수자원 개발가능량을 살펴보면 총 농업용 저수지 면적은 4,416km², 기존 총 저수지용량은 901.6백만 m³로서 단위 부존 수자원량 0.619×10^6m³/km²(50%)기준으로 개발가능 량이 2,733백만m³란 것을 알 수 있다. 따라서 기존의 총 저수량 901.6 백만m³에 비해 약 18.3억m³의 잉여 수자원량이 있으며 이것은 농업 용 저수지(104개소)의 개발·확장이 가능하다는 것을 의미한다.

18.5.2 수자원 개발 거버넌스 구축

유역별로 물 수급을 객관적으로 제시하고 부족한 수자원의 개발량을 결정해야 한다. 또 부족한 수자원의 개발대안 즉 신규댐 건설, 수요관리 방안, 지하수 등의 보조수자원의 개발가능성 등에 대한 다양한 대안 중에서 경제성이 높고 안정적인 대안을 선택해야 한다.

개발방식은 중앙정부 주도에서 벗어나 지자체간의 적극적인 협력을 통한 수자원 개발이 이루어져야 한다. 유역별로 수자원개발 가능지역과 물을 필요로 하는 지역을 파악해 지자체간의 협상을 통해 수자원 개발이 이루어져야 한다. 정부는 수자원개발 가능지역에 대한 정보와 기술을 제공하고 수자원 개발에 대한 최종적 결정은 지자체가 주도적으로 해결할 수 있는 방향으로의 전환, 즉 수자원 개발 거버넌스 규칙이 절실히 필요하다.

18.5.3 기존의 수자원 공급능력 제고

신규 수자원 개발에 앞서 이미 개발된 용수의 효율적 활용이 선행 또는 병행된다는 전제하에서 신규 수자원 개발의 필요성을 제시하는 것이 보다 합리적인 정책방향이다. 용수공급 구역별로 공급체계를 개편해 효율적인 이용체계를 구축해야 한다. 또한 기존 저수지의 재개발, 연계운영 등을 통해 가용 수자원의 양을 극대화할 수 있는 체계를 구축해야 한다.

18.5.4 농업용 저수지 재개발의 모범 사례

경북 청송군 안덕면 성재리 낙동강 길안천과 보현천으로 연결되는 성덕저수지는 유역면적 38.2km², 총저수량 8만 6천m³의 농업용 저수지였다. 건설교통부는 2001년 댐건설장기계획에 따라 이 저수지를 성덕다목적댐으로 재개발하기로 하고 2천 26억 원의 사업비를 들여 유역면적 41.3km², 총저수용량 2천 790만 톤의 콘크리트 중력댐 공사에 들어가 완공과 동시에 다목적댐으로 전환된다.

성덕다목적댐이 완공되면 2천 60만m³의 용수공급과 함께 420만m³의 홍수조절효과가 있다. 물 부족 현상을 겪고 있는 경북 내륙지역(청송, 경산, 영천)의 경우 2011년 6만m³/일, 2016년 8만m³/일의 물이 부족한 실정인데 성덕다목적댐 재개발로 안정적인 용수공급이 가능하게 됐고 낙동강 지류인 보현천과 길안천 유역의 홍수피해가 크게 줄어든다.

여수로는 비조절 월류형으로 설계됐으며 설계홍수량 PMF 1,004m³/s, 200년 빈도 329.6m³/s, 최대 방류량 PMF 852.8m³/s, 200년 빈도 49m³/s로 되어 있다. PMP는 임계지속시간인 12시간을 채택 519mm를 적용했다. 이 댐이 완공되면 420만 톤의 홍수조절효과가 있다.

18.5.5 저수지 재개발과 홍수조절 효과

경북 포항시 기계면에 있는 은천저수지는 재개발이 가능한 농업용 저수지로 분류되고 있다.

영남대학교 토목공학과 지홍기 교수의 연구에 따르면 은천저수지의 재개발 가능 유역면적은 52km²이고 재개발을 통한 홍수조절능력은 3천만m³로 증가할 것으로 분석되고 있다.

현재 낙동강 유역의 재개발 가능한 40여 개 농업용 저수지를 다목적댐으로 전환, 재개발하면 3억 톤의 홍수조절효과가 있는 것으로 예측됐다. 이는 안동댐 규모의 신규댐을 건설하는 효과와 비슷해 낙동강의 침수피해를 상당히 줄일 수 있다. 농업용 저수지의 재개발을 통한 홍수조절과 용수확보라는 현실적인 접근 방법으로 수자원정책을 바꿔 나간다면 신규댐 건설로 인한 환경피해를 줄이고 천문학적인 예산 낭비를 막을 수 있다.

18.6 논과 숲은 거대한 댐

2010년 집중호우로 서울 광화문 대로(大路)가 물바다로 변한 것은 도심이 콘크리트와 아스팔트로 덮여 빗물을 제대로 흡수하기 못했기 때문이란 분석이 나왔다.

이에 앞서 1996년도 경기도 파주, 문산 지역의 홍수는 농경지와 야산의 무분별한 개발로 저수 능력이 떨어진 것이 주원인으로 나타났다.

집중호우 때 논과 밭이 저장하는 빗물은 연간 약 34억 톤으로 팔당댐 저수량의 14배에 달한다. 돈으로 환산해본 가치는 2조 2천 814억 원에 이른다. 논과 밭이 빗물을 저장하는 거대한 댐 역할을 하고 있는 셈이다.

농촌진흥청 농업과학기술원 엄기철·윤성호 박사의 조사에 따르면 논은 쌀을 생산하는 역할뿐만 아니라 홍수가 발생했을 때 춘천댐의 18.5배에 달하는 27억 7천 톤의 물을 저장하는 능력을 갖고 있는 것으로 분석됐다.

숲은 자연이 만든 녹색댐이다. 녹색댐(산림)은 강우 때 홍수유출량을 감소시켜 홍수피해를 줄이고 산림에 저류한 수자원의 균등한 유출로 갈수기에 가뭄을 막아주는 거대한 댐의 기능을 갖는다고 해서 붙여진 이름으로 산림 자체를 말한다.

산림은 다른 지형의 토양과 달리 윗부분은 공극이 크고 비율도 높은 반면 아래로 내려갈수록 공극이 작고 단단해지는 토양구조를 가지고 있다. 따라서 비가 올 때 땅으로 침투된 빗물은 계곡으로 빨리 빠져 나가고 땅 깊숙이 침투된 물일수록 느리게 빠져 나가 연중 마르지 않게 된다.

그러나 우리나라는 산림정비 미흡으로 숲이 지나치게 우거져 토양유실과 토양공극 파괴의 진행 등 빗물 저류구조가 악화돼 산림의 홍수조질과 갈수완화 기능이 미약해 대대적인 산림정비가 시급한 실정이다.

18.7 광역용수공급체계 구축 시급

지역별 물 수급 불균형 개선과 가뭄 등 비상 시 효과적으로 대처하기 위해 안정된 용수공급이 가능한 다목적댐과 광역상수도를 중심으로 생활용수, 농업용수, 공업용수를 상호 연계하는 전국 12개 권역 통합급수체계를 2011년까지 단계적인 구축이 진행되고 있다. 이에 따라 농업용수와 지방상수도가 다목적 댐의 혜택을 받게 돼 극한 가뭄이나 수질사고 등 국가의 물 위기 관리능력 향상이 기대되고 있으나 정부의 추진상황은 지지부진하다.

광역용수공급체계가 구축되면 기존댐의 효율적인 활용과 댐 연계운영을 통한 지역 간 용수 수급 불균형 해소와 광역상수도 시설 운영관리 효율성의 제고 등으로 연간 용수공급이 6억m³ 증대되고 홍수조절용량 2.6억m³이 확보되며 건설비 1조 원 이상의 대형댐 건설효과가 있고 가뭄 등에 대처하는 물 관리능력도 향상된다.

또 가뭄과 수질오염 사고 등으로 인한 취수 및 정수의 중단 등 상수도 사고 때(급수 중단 등) 광역상수도 연계관로를 이용한 용수공급이 가능하고 광역상수도의 비상용수공급량이 부족한 지역은 연계된 지방상수도 여유분을 활용하는 등 안정적인 용수공급을 위해 광역상수도와 지방상수도를 연계하는 시설의 조속한 추진이 필요하다.

18.8 댐 관리의 현실과 문제

한국수자원공사는 댐의 붕괴를 방지하기 위해 2011년까지 9,000여억 원을 들여 보조여수로를 만들어 집중호우 때 댐의 물이 넘치기 전에 보조여수로를 통해 물을 방류하면 댐의 붕괴는 절대 없을 것이라고 밝히고 있다.

문제는 PMP 예측치를 얼마나 신뢰할 수 있는가이다.

PMP 예측치가 빗나가 더 많은 비가 내리면 보조여수로를 만들더라도 댐들은 붕괴된다. 한국수자원공사는 그런 일은 절대 일어나지 않는다고 장담한다. 그러나 기상 전문가들은 생각이 다르다. PMP는 예측일 뿐이지 과학법칙은 아니라고 지적한다. 불규칙한 기상조건에 따라 한반도에 하루 1,000mm의 비가 내릴 가능성을 배제할 수 없다는 것이다. 공학은 불확실성에 기초한 학문인 만큼 절대 진리로 믿었다가 낭패를 당한 사실을 우리는 수시로 경험하고 있다. 인간이 자연재해를 최소화 할 수 있어도 극복할 수는 없다. 특히 국토해양부와 한국수자원공사는 댐 붕괴에 대비해 EAP(Emergency Action Plan), 즉 비상대처계획을 수립해 만전을 기하고 있어 설사 댐이 무너지더라도 주민들의 안전은 걱정 없다는 입장이다. EAP는 댐별로 붕괴 시뮬레이션을 실시해 침수예상지역, 주민 대피처, 대피요령 등을 담고 있다. 그러나 정부는 침수예상지역이 발표되면 땅값 하락에 따른 민원발생을 이유로 '대외비'로 분류해 정보 공개를 허용하지 않고 있다. 주민들의 안전을 위해 만든 EAP를 주민들이 전혀 모르고 있는 것이다.

또 댐의 붕괴사고를 막기 위해 보조여수로를 건설하면서 하류하천의 안전을 전혀 고려하지 않고 있다. 보조여수로를 내는 것은 댐이 PMP, 즉 10,000년 빈도의 홍수에 견디도록 정비했다. 그러나 하류 하천의 경우 국가하천은 100~200년 빈도의 홍수, 지방하천은 50~100년 빈도의 홍수에 견딜 수 있도록 설계돼 있다. 따라서 댐이 기존 여수로가 부족해 보조여수로를 통해 한꺼번에 물을 방류하면 하류 하천은 붕괴와 함께 엄청난 침수피해를 입게 된다.

상수원 오염도 심각한 상태이다. 4대강 유역에서 항생물질이 검출되고 영남지역의 상수원인 낙동강에서는 발암물질인 페놀사고가 발생하는 등 식수원이 위협받고 있다.

환경부는 1963년 공해방지법이 처음 제정된 이후 1997년까지 10조원의 예산을 투입했던 데에 반해 1997년 이후 10년 동안 무려 20조원의 예산을 집행했음에도 불구하고 4대강의 수질개선에는 전혀 성공하지 못했다. 생물학적산소요구량(BOD)은 다소 좋아졌지만 총질소(T-N)와 총인(T-P), 화학적산소요구량(COD) 등은 계속 나빠지고 있으며 정수장 원수에서 항생물질과 바이러스가 검출되고 있다.

댐은 흐르는 강물을 조절하는 것이다. 댐은 우리가 만든 것이다. 그러므로 댐을 활용할 해법도 우리가 찾아야 한다.

우리나라 주요 댐의 사진과 도표, 모식도 등의 사용을 허락해준
한국수자원공사의 협조에 감사드립니다.

■ 참고문헌

『물의 과학과 문화』, 홍익재.

Water for People Water for Life, The United Nations World Water Development Report, 2003.

The World's Water 2000~2001(Gleick, P. H.).

마크 드 빌리어스 저, 박희경 · 최동진 역, 『물의 위기』, 2001.

제4차 세계 물포럼 보고서, 『물, 함께할 책임』(UNESCO, 2006. 3).

세계경제포럼, 『수자원 이니셔티브 보고서』(2009. 1).

美 일간지 「크리스천 사이언스」(2004. 12).

댐[dam]| 네이버 백과사전.

건설교통부 대전지방국토관리청, 『삽교천 수해원인 조사보고서』(1996. 11).

김양수, 「홍수시 저수지 운영방법의 고찰 – Technical ROM을 중심으로」, 한국 수문학회지 제27권 제4호(1994. 12).

심재현, 「우리나라 홍수방재대책을 위한 제언 – 임진강 유역을 중심으로」.

심재현, 「21세기 안전한 사회를 위한 과제」, 창작과 비평 제120호, 창작과 비 평사, 2003.

심재현, 「위험사회에 만연된 심리적 행태, 타자의 논리를 경계하며」, 한국수자 원학회지, 2004년 1월호, 한국수자원학회.

심재현, 「새로운 안전관리 행정을 위한 자원과 과제」, 안전사회 구현을 위한 시민대토론회, 국립방재연구소, 2003. 4.

지홍기 외, 「낙동강유역에서 농업용저수지의 저류규모특성과 부존수자원 개 발방안」, 대한토목학회, 2008.

「수자원관리 통합기반 개발」, 한국건설기술연구원, 2008.

「2007 한국의 수자원」, 국토해양부, 2007.

「수자원장기종합계획」, 한국수자원공사, 2006.

「대체수자원 확보에 관한 연구」, 국토해양부, 2006.

「유역통합관리를 위한 재원확보방안 연구」, 국토연구원, 2006.

「수자원관리 및 국토방재기반 구축」, 국토연구원, 2006.

「물 수요관리 평가모형의 구축방안 연구」, 국토연구원, 2006.

「영농환경 변화를 고려한 농업용수 적정 공급방안 연구(최종)」, 농업기반공사, 2005.

「효율적인 농업용 저수지 용수확보 및 이용방안연구」, 농업기반공사, 2005.

「농업용 저수지 건설의 문제점 및 개선방안」, 한국수자원학회지 VOL37, 2004.

「농업생산기반조성사업통계연보」, 2002, 농림부.

「다목적 중규모저수지의 개발에 관한 정책 및 개발방안에 관한 연구」, 농업기반공사 농어촌연구원, 2001.

김해도 외, 「농업용 댐·저수지 재개발 우선순위 산정」, 한국농촌공사.

김종원, 「지속가능한 수자원개발을 위한 수자원정책」, 국토연구원 국토계획.

Alberro, A. J., "Effects of Interaction in Earth-Rockfill Dams", presented at Specialty Session 8, Deformation of Earth-Rockfill Dams, Proceedings of the 9th International Conference on Soil Mechanics and Foundation Engineering, Tokyo, 1977.

Independent Panel to Review Cause of Teton Dam Failure, "Report of Failure of Teton Dam", U.S. Government Printing Office, Washington, D.C., 1976.

Kulhawy, F. H., and Gurtowski, T. M., "Load Transfer and Hydraulic Fracturing in Zoned Dams", Jour. of the Geotechnical Eng. Div., ASCE, Vol. 102, No. GT9, 1976.

Terzaghi, K., "Theoretical Soil mechanics", J. Wiley and Sons, Inc., New York, N.Y., 1943.

Sherard, J. L., "Hydraulic Fracturing in Embankment Dams", Seepage and Leakage from Dams and Impoundments, Proceedings, ASCE National Convention, Denver, Colorado, 1985.

「내진설계기준연구(II).」, 건설교통부, 1997.

「댐설계기준」, 건설교통부, 2001.

「댐 시설물의 내진성능 및 안전도 평가 연구」, 한국수자원공사, 2003.

황성춘·오병현·박성진, 「지반진동과 내진설계(V-1): 지반-구조물의 동적 상호작용 해석법」, 한국지반공학회지 Vol.17 No. 2, 2001.

황성춘·오병현·박성진, 「지반진동과 내진설계(V-2): 지반-구조물의 동적 상호작용 해석법」, 한국지반공학회지 Vol.17 No. 4, 2001.

이지호, 「유체-구조물-지반 상호작용 시설물의 내진설계」, 한국지진공학회, 2001.

「기존댐의 내진성능 평가 및 향상요령」, 건설교통부, 2004.

「충주다목적댐 제2차 정밀안전진단 보고서(요약)」, 한국수자원공사, 2002.

「충주다목적댐 제3차 정밀안전진단 보고서」, 한국수자원공사, 2007.

Rhode Island, "ABAQUS/Analysis User's Manual", ABAQUS Inc, 2006.

Chopra A. K., Charabarti P., "The Koyna Earthquake and Damage to Koyna Dam", bulletin of the Seimology Society of America, Vol. 63, 1973.

Lee J., Fenves G. L., "A Plastic-Damage Concrete Model for Earthquake Analysis of Dams", Earthquake Engng. Structural Dynamics, Vol. 27, 1998.

「기술도서」, 석탄합리화 사업단, 2001.

「광해복구환경개선」, 석탄합리화 사업단(http://www.cipb.or.kr).

Allen H. E. and D. J. Hansen, "The importance of trace metal speciation to water quality criteria", Water Environment Research, 1996.

Alloway, B. J., "Soil processes and the behavior of metals", In Heavy metals in soils(Alloway, B. J.(ed)), Blackie and Son, 1990.

Korea Environmental Technology Research Institute, Research report No.14, 1994.

Murr, L. E. and Mehta, A. P., "Coal desulfurization by leaching involving acidophyllic and thermophyllic microorganism", Biotech. Bioeng., 24, 1982.

Sengupta, M., "Environmental impacts of mine drainage on streams of United States", Env. Geol. Water Sic., 1993.

Stumm, W., and J. J. Morgan, Aquatic chemistry: New York, Wiley-Interscience, 1981.

Sullivan, P. J., et al., "Iron sulfide oxidation and the chemistry of acid generation", Env. Geol. Water Sci., 1988.

이근상 · 황의호, 「GIS 기반 임하호 수변유역의 토사유실 영향분석」, 測量 및 地形空間情報工學.

박경훈, 「GIS 및 RUSLE 기법을 활용한 금호강 유역의 토양침식 위험도 평가」, 한국지리정보학회지 제6권 제4호, 2003.

윤호석, 「GIS를 이용한 합리적 수변구역 설정에 관한 연구」, 석사학위 논문, 인하대학교 대학원, 2001.

신계종, 「지형공간정보체계를 이용한 유역의 토양유실분석」, 박사학위 논문, 강원대학교 대학원, 1999.

이근상 · 전형섭 · 임승현 · 조기성, 「GIS 기반 Voronoi Diagram을 이용한 하천 인식 DEM 생성에 관한 연구」, 한국GIS학회지 제10권 제3호, 2002.

이근상 · 박진혁 · 황의호 · 고덕구, 「GIS 기반 토사유실모델을 이용한 저수지 사면의 토사유실 영향 분석」, 한국지리정보학회지 제7권 제3호, 2004.

이근상 · 조기성, 「탁수자료를 이용한 GIS 기반의 토사유실량 평가」, 한국지형

공간정보학회지 제12권 제4호, 2004.

이환주, 「GSIS 공간분석 기법을 활용한 토양침식 잠재성 평가에 관한 연구」, 박사학위 논문, 전북대학교 대학원, 2002.

장영률, 「GIS와 RS를 이용한 토양침식의 정량화」, 박사학위 논문, 전남대학교 대학원, 2003.

「임하다목적댐 관리연보」, 한국수자원공사, 2003.

Desmet, P. J. and G. Govers, "A GIS procedure for the automated calculation of the USLELS factor on topographically complex landscape units", Journal of Soil and Water Conservation, Vol. 51, No. 5, 1996.

Dissmeyer, G. E. and G. R. Foster, "Estimating the cover management factor in the USLE for forest conditions", Journal of Soil and Water Conservation, Vol. 36, No. 4, 1981.

Erickson, A. J., "Aids for estimating soil erodibility-K value class and soil loss tolerance. U.S. Department of Agriculture", Soil Conservation Service. Salt Lake City of Utah, 1997.

Nearing, M. A., "A single, continuous function for slope steepness influence on soil loss", Journal of Soil Science Society of America, Vol. 61, No. 3(pp.917 - 919), 1997.

Renard, K. G., G. R. Foster, G. A., Weesies and P. J. Porter, "RUSLE: Revised Universal Soil Loss Equation", Journal of Soil and Water Conservation, Vol. 46, No. 1, 1991.

Wischmeier, W. H., "A soil erodibility nomograph for farmland and construction sites", Journal of Soil and Water Conservation, Vol. 26, 1971.

「임하댐 탁수로 인한 어류 영향조사」, 한국수자원공사, 2006. 6.

『강원도민일보』 사설(2009. 8. 18).

『연합뉴스』 기사(2009. 7. 25).

Kolpin Dana W., Edward T. Furlong, Environ. Sci. Technol., 36(2002), 1202.

D. Calamari, E. Zuccato, S. Castiglioni, R. Bagnati, R. Fanelli, Environ. Sci. Technol. 37(2003) 1241.

T. A. Ternes, Trends Anal. Chem. 20(2001) 419.

Boyd R. G., 2003. Sci. Total Environ., 311, 135.

Hernando M. D. et al., 2006. Talanta, 69, 334.

Ashton D. et al. 2004. Sci. Total Environ., 333, 167.

Ollers S. et al. 2001. J. Chromatogr. A, 911, 225.

Yang S. et al. 2004. Water Research, 38, 3155.

Hirsch R. et al. 1999. Sci. Total Environ., 225, 109.

Lissemore L., Chemosphere, 64 (2006), 717.

Sang D. Kim, J.W Cho, Water research 41(2007), 1013 - 1020.

『경안천의약품 · 항생제잔류농도및분포조사』, 용인대학교 김판기 교수, 2006.

『소양강 다목적댐 퇴사량 조사(제3차) 보고서』, 한국수자원공사, 2006. 10.

「물과 미래」, 국토해양부, K water(2011).

『댐의 안전성 평가 및 비상대처계획수립(낙동강권역) 보고서』, 건설교통부, 한
    국수자원공사, 2003. 9.

박치현 ────────────────────────────────

1985년 울산MBC 입사
환경 관련 탐사보도 전문기자로 일해 오면서 보도국 보도제작부장을 거쳐
2011년 현재 울산MBC 보도국 부국장 겸 기획특집부장을 맡고 있다.
2004년에는 「황토살포가 연안 생태계에 미치는 영향과 적조 방제제에 대한 연구」로
공학박사학위를 취득했다.

"적조, 황토가 대안인가?"
"압록강 3부작"
"한반도 댐 보고서(2부작)"
"예고 없는 지진, 한반도는 안전한가?"
"쿠로시오해류의 비밀" 등 생태환경 다큐멘터리를 제작·방송하여
한국방송대상 우수작품상, 한국기자상 기획제작부문, 한국방송기자클럽 보도상
방송통신심의위원회 '이달의 좋은 프로그램'(2회)
한국기자협회 '이달의 기자상'(3회)
방송문화진흥회 지역프로그램대상 동상
일경언론상(2회) 등을 수상했다.

E-mail : chpark@usmbc.co.kr
H.P. : 010-9304-5555

한반도의
댐

초판인쇄 | 2011년 5월 26일
초판발행 | 2011년 5월 26일

지 은 이 | 박치현
펴 낸 이 | 채종준
펴 낸 곳 | 한국학술정보㈜
주 소 | 경기도 파주시 교하읍 문발리 파주출판문화정보산업단지 513-5
전 화 | 031) 908-3181(대표)
팩 스 | 031) 908-3189
홈페이지 | http://ebook.kstudy.com
E-mail | 출판사업부 publish@kstudy.com
등 록 | 제일산-115호(2000. 6. 19)

ISBN 978-89-268-2249-4 93530 (Paper Book)
978-89-268-2250-0 98530 (e-Book)

내일을여는지식 은 시대와 시대의 지식을 이어 갑니다.